L'Atome au pied du mur

Étienne Klein

L'Atome au pied du mur

Romans & plus

Éditions
Le Pommier

ISBN 2-74650053-1

Ouvrage publié avec le concours
de la Fondation des Treilles

1

NOUVELLE :

L'Atome au pied du mur

ESSAIS :

La vieille querelle de l'atomisme

L'impénétrabilité de la matière selon la physique moderne

L'Atome au pied du mur

Les lois de nos désirs sont des dés sans loisirs.
Robert Desnos

L'an 1600 commençait à peine. Depuis quelque temps, l'Inquisition se montrait impitoyable pour les hérétiques. Giordano Bruno, chevalier errant du savoir, fut condamné par elle à finir sa vie au sommet d'un fagot. La sentence fut exécutée le 17 février, sur le Campo dei Fiori, la place aux Fleurs, à Rome. Attaché à un pieu, ivre d'empyreumes, vêtu comme un croquant, une planche clouée à même la langue, l'ancien dominicain ne put prononcer au moment ultime les paroles définitives qu'il avait préparées à l'intention de ses juges. Après sept longues années de cachot dans la prison des Plombs, constamment sollicité par une équipe de sept prêtres de quatre ordres différents qui tentaient de lui extorquer une autocritique en bonne et due forme, il mourut en martyr silencieux, coupable simplement d'avoir osé envisager, hors l'air du temps, une multitude de mondes possibles.

Tout avait intéressé cet infatigable voyageur : algèbre combinatoire, alchimie, poésie, magie, hermétisme, infini, arts de la mémoire. Mais sa cosmologie peu orthodoxe avait taquiné au-delà de l'énervement les ecclésiastiques les plus ouverts. Considérant que la Terre est un corps céleste équivalent à n'importe quel autre et que l'Univers est dépourvu de centre, Bruno avait proposé d'abandonner toute notion de hiérarchie dans l'Univers. Ensuite, estimant que Dieu ne saurait avoir de relation privilégiée avec telle ou telle région de l'espace, il avait supposé que la situation de l'homme dans l'Univers était quelconque. Considérant enfin que la puissance divine est nécessairement infinie, il avait posé qu'elle n'avait pu produire qu'un univers lui-même infini, consistant en une infinité de systèmes solaires semblables au nôtre et dans lesquels la vie était nécessairement présente. Cette idée d'une pluralité des mondes avait déjà été discutée par les théologiens du Moyen Age, qui avaient considéré qu'il s'agissait d'une simple possibilité que Dieu n'avait pas cru bon de retenir. Bruno, lui, l'avait prise au sérieux. Son audace, argumentée d'une langue bien pendue, lui coûta la vie.

Paulus Elpino, vieux compagnon de Giordano Bruno, assista écrasé de chagrin à l'horrible supplice. Les yeux rivés sur le corps rougeoyant qui se tordait dans les flammes, il entendit à peine les moines de la Compagnie de Saint-Jean-Décapité qui chantaient sans interruption des litanies pour le salut de l'âme de son ami. Pendant de longues années, les deux compères avaient partagé l'amour débridé de la vie sous toutes ses formes : étoiles, beuveries, conjectures, femmes, livres. Grands pourfendeurs de balourdises diplômées, contempteurs acharnés des pisseurs de citations, férus trousseurs de dames, académiciens de nulle académie, provocateurs nés, ils n'avaient fui aucune des joutes dans lesquelles l'esprit – et parfois le corps – avait à s'exposer. Les arguments, les conjectures, les polémiques, la bagarre, voilà ce qu'ils aimaient. Sans cesse dissidents et partout excommuniés, ils ne craignaient pas d'oser. Toute prudence leur était étrangère. Ils n'avaient pas besoin, pour accepter de discuter d'une nouvelle idée, d'entendre d'abord son tic-tac, de toucher du doigt ses molettes ou de connaître le parfum qu'elle déposerait dans l'air du temps. La vraie vie de la pensée ne consiste-t-elle pas à mastiquer des théories, à cracher des maximes, à répandre des thèses, à les faire virevolter sur le dos agité du réel, le but étant de les y maintenir le plus longtemps possible ? Ni la routine, ni la peur, ni l'envie de plaire aux puissants ou aux doctes ne sauraient servir d'excuse à la mollesse d'esprit des bien-pensants.

Mais l'époque était tourmentée, les bûchers jamais éloignés et les geôles toujours prêtes. Un peu de froideur envers l'Église, un peu de chaleur envers la débauche physique se payaient encore, si on les revendiquait ouvertement, au prix de quelque mort horrible, langue arrachée à la tenaille, membres traités comme un vulgaire caoutchouc, corps épuisé aux galères. Des sciences naissaient, des certitudes s'effaçaient, des dogmes vacillaient. Un monde clos, en ordre, explicable et ancien, commençait à s'effondrer. Aucun autre n'était prêt à le remplacer, d'où sans doute l'inquiétude cruelle de ce temps-là.

Au spectacle de la mise à mort de son maître compagnon, Paulus, couvert d'une tunique de grosse toile grise et rapiécée, fut pris de très sonores convulsions. Il fondit en larmes, mit un genou à terre et s'effondra de douleur. Son trouble immense attira rapidement l'attention. On le regardait mais lui, en état de choc, se sentait seul au monde, comme si un vide l'avait soudainement séparé de la foule. Tandis que celle-ci commençait de se disperser, des hommes en armes, profitant d'une porte cochère, vinrent l'arrêter discrètement. On l'enferma vite dans une sombre geôle du Saint-Office, avec tous les bruits onomatopiques en usage dans ces cas-là.

Accusé d'être un fervent disciple de Bruno et d'avoir, comme lui, répandu des thèses contraires à celles de l'Église, Paulus fut longuement jugé. C'était un homme courageux et convaincu. Spontanément, il avoua croire à l'existence des atomes. On l'interrogea sur l'ampleur du crédit qu'il accordait à la thèse d'Épicure et de Lucrèce, que certains ecclésiastiques considéraient comme hérétiques.

« La matière est faite d'atomes et de vide, expliqua-t-il à ses juges, articulant les mots d'une façon douce et cérémonieuse. Rien d'autre n'existe en elle. Voilà ce à quoi je crois. La substance des corps est discrète et non pas continue. Constituée de petits grains, elle tient davantage du sable que de l'eau.

– Mais de quoi ces petits grains sont-ils faits ? lui demanda l'un de ses juges, manifestement trop bien nourri.

– Ils sont dépouillés de toutes les propriétés que nous attribuons d'ordinaire aux choses. Ils n'ont pas de couleur, ils ne sont ni chauds ni froids, ils errent, privés de son, dénués de saveur, et n'exhalent aucune odeur particulière. Ils ne sont pas cassants, ils ne sont pas friables, ils ne sont ni mous ni durs, ni rigides ni souples. Seules sont réelles leurs propriétés géométriques.

– Mais les atomes sont invisibles, n'est-ce pas ? Alors comment pouvez-vous savoir cela ?

– Réfléchissez, dit Paulus : si la divisibilité de la matière n'avait pas de limite, si chacune de ses portions pouvait elle-même être sectionnée à l'infini, alors rien n'aurait de consistance, la matière serait indéfiniment compressible et nul corps solide ne pourrait exister ; or cette table, ces sièges sur lesquels vous êtes assis ont de la consistance, n'est-ce pas ? Donc les atomes existent. Ils sont les derniers refuges de la matière puisqu'on ne peut pas les décomposer en éléments plus petits qu'eux-mêmes. D'ailleurs, il y a…

– Mais les atomes dont vous parlez ne peuvent tout de même pas produire à eux seuls la diversité de tout ce qui nous entoure ? interrompit le juge, en route vers l'énervement.

– Détrompez-vous. D'abord, l'agglutination des atomes est facilitée par la très grande diversité de leurs formes : il en est des ronds, des pointus, des crochus, des recourbés. Ensuite, leur nombre est infini, de sorte que leur association peut produire l'infinité de ce qui nous entoure. Songez que ce sont les lettres du même alphabet qui, grâce à la richesse de leur combinatoire, composent tragédies et comédies, vérités et mensonges, fables et sermons. Alors imaginez ce que pourrait faire un alphabet infini.

– Mais vous conviendrez pourtant qu'il existe des entités qui ne sont pas matérielles, poursuivit un deuxième juge, maigre, avec une face de corbillard. L'âme, par exemple, de quoi est-elle faite selon vous ?

– Comme tout le reste, elle est composée d'atomes, répondit Paulus, enveloppant ses lèvres d'un sourire aussi mince qu'un filet d'eau pure. La seule différence, c'est que les atomes de l'âme sont très subtils et beaucoup plus mobiles que les autres. Il y a de l'éther en eux. »

Les réponses de Paulus étaient brèves, tranchantes, aussi précises qu'un cyprès sur fond de ciel toscan.

« L'âme et la matière n'auraient donc rien de fondamentalement différent ?

– En un certain sens, non, répondit Paulus, qui savait que cette réponse aggraverait son cas. L'âme n'est en somme qu'une partie du corps, ou une fonction du corps, qui reste soumise aux lois de son fonctionnement et qui mourra avec lui. Seule la mort est immortelle.

– Vous croyez donc au primat de la matière ?

– Oui. La matière épuise le tout de l'être. Mais quand je parle de matière, je veux dire les atomes et le vide, ce rien qui existe aussi bien que le quelque chose et qui n'est donc pas rien. Il sert de toile de fond à la matière elle-même. Le vide, c'est la goutte de néant qui gît derrière chaque chose. Par son homogénéité, il est capable d'absorber le monde des formes et celui des corps.

– Mais le monde que vous décrivez est sans aucune providence ! répartit le juge dans une convulsion, avec un regard aussi effrayant qu'anachronique d'*Obersturmführer* agacé.

– L'atomisme implique en effet une conception toute mécanique de l'Univers, dans laquelle nulle providence n'est plus nécessaire. Le monde, voyez-vous, tient davantage de l'horloge que de l'orchestre divin. Est-ce si grave ?

– Vous blasphémez ! s'étrangla le maigre, proche de l'écume.

– Non, j'explique, précisa calmement Paulus.

– Seriez-vous épicurien ? reprit le premier juge, un peu moins énervé.

– Sans doute, répondit Paulus d'une voix franche. Je ne sais ce qu'est le bien si l'on écarte les plaisirs de la table, ceux de l'amour et de tout ce qui charme les oreilles et les yeux. Nos sens n'ont pas vocation à être mis en veilleuse et nul péché ne se trame dans la juste jouissance de ces choses.

– Vous défendez donc l'atomisme et assumez toutes ses conséquences, même les plus absurdes. Mais ne savez-vous pas qu'il est en contradiction avec l'interprétation que la Sainte Église donne de l'eucharistie. Considérez-vous que la transsubstantiation est impossible ?

– Certainement, répondit Paulus avec sincérité, comme s'il s'agissait d'une simple conversation entre lettrés et non d'un procès. La transsubstantiation est impossible, car elle revient à admettre qu'au moment de l'eucharistie, le vin cesse d'être du vin et que le pain cesse d'être du pain. Or tout, y compris les apparences, continue de nous dire le contraire. »

L'Inquisition déclara Paulus obstiné, impénitent, persévérant. Il fut mis au cachot pour une durée indéterminée.

Tout séjour en prison est usure lente du corps et de l'esprit. L'âme s'enténèbre et l'existence se trouve privée d'horizon.

Les journées sans goût commencent par des aurores fades qui font éprouver toutes les affres de l'enfer. Entre quatre murs, le prisonnier doit tuer le temps à petit feu s'il ne veut pas subir le même sort. La survie réclame donc une intense vie intérieure, qui ne suffit pas toujours. Paulus s'imposait chaque jour des exercices physiques et intellectuels de toutes sortes, mais au fil des jours sombres, ses forces déclinaient, ses pensées s'embrouillaient, sa mémoire s'usait comme l'oscillation d'un pendule amorti. Ses yeux se cernèrent peu à peu de noir presque jusqu'à la bouche. Parfois, il se surprenait à délirer. Il marmonnait des propos abscons, compréhensibles par lui seul et encore. Lorsqu'il retrouvait un peu de lucidité, il lui arrivait de craindre pour sa raison. Son sommeil se faisait de plus en plus irrégulier. Au bout de quelques mois, ses nuits furent systématiquement agitées par des rêves emplis de monstres et d'effroi.

Au milieu d'une chaude nuit d'été, Paulus se réveilla brusquement, saisi d'angoisse, le corps baigné de sueur, l'estomac rongé. Il se leva, alluma une chandelle, fit quelques pas en rond, le regard vague, pour retrouver ses esprits. Ses yeux se fixèrent un instant sur le mur qu'avec une craie il avait couvert de figures géométriques et de signes cabalistiques. Il eut l'impression que, par-delà ses propres inscriptions, quelque chose dans ce mur appelait son attention. Il plissa les yeux pour mieux voir. Pendant une fraction de seconde, les murs de son cachot lui semblèrent translucides. Des myriades de petits grains, séparés les uns des autres par des espaces vides, y frémissaient distinctement dans une lumière vibrante. Les atomes du mur étaient là, suspendus dans le vide. Le regard de Paulus, devenu subitement aussi grossissant qu'un microscope à effet tunnel, lui avait dévoilé l'intimité corpusculaire de la matière. L'espace d'un clin d'œil, la muraille épaisse qui le séparait de la liberté lui était apparue comme un néant localement compact, comme un vide ponctué d'atomes régulièrement espacés.

Paulus s'approcha pour examiner les choses de plus près. Mais le mur avait déjà recouvré son apparence ordinaire, étanche, solide et oppressante.

La surprise passée, Paulus s'assit sur sa couche puis, la tête entre les mains, se mit à raisonner à voix haute :

« Si ce mur est formé d'atomes tourbillonnant dans le vide et si je suis moi-même constitué de petits grains séparés par du vide, alors mes propres atomes ont la possibilité de se propager à l'intérieur de la pierre, au travers de ses espaces vides ! Ce mur, je dois donc pouvoir le traverser ! »

Son excitation grandit encore lorsqu'il lui revint en mémoire que sa cellule était au rez-de-chaussée, donnant directement sur un terre-plein. L'évasion était donc possible. Du moins en principe.

Cette perspective l'emplit d'espoir, mais Paulus n'agit pas sur le champ. Un fragment de Démocrite lui était revenu à l'esprit : « Délibérer avant d'agir vaut mieux que réfléchir après. » Or trop de questions auxquelles il ne savait pas répondre se posaient à lui : les atomes d'un être vivant sont-ils bien les mêmes que ceux d'une matière inerte ? Et si, comme ce mur, je suis moi-même constitué d'atomes, comment se fait-il que lui soit mort et moi vivant ? Pourquoi suis-je souple et pourquoi est-il dur ? Et puis, fatigué comme je suis, n'ai-je pas été victime d'une simple hallucination ? N'ai-je pas tout bêtement rêvé ? En réalité, ce mur est peut-être aussi impénétrable qu'il en a l'air ? Et quand bien même parviendrais-je à le pénétrer, ne finirait-il pas par me broyer les os ?

Paulus prit le temps de réfléchir. Chaque jour, il ressassa les fragments de Démocrite. Toute sa vie, il y avait puisé arguments et preuves pour l'assiette de sa philosophie, mais depuis son incarcération, il évaluait scrupuleusement leurs conséquences et jaugeait avec plus de sérieux qu'auparavant leur plausibilité, comme si sa propre vie devait désormais en dépendre. Il se mit à douter de tout. Démocrite lui-même n'avait-il pas prévenu qu'« il n'y a pas de canal permettant de connaître la réalité effective de chaque chose » ?

A examiner ces questions, Paulus torturait sa raison. Tantôt il se faisait peur avec des apocalypses de bazar et s'imaginait définitivement fixé dans la pierre, tantôt il s'enthousiasmait pour des utopies de quatre sous et se voyait déjà libre comme l'air. Ses tourments cessèrent lorsqu'il prit conscience que l'issue la plus sage consistait à expérimenter calmement la chose, sans illusions ni crampes mentales. Il décida de cesser de manger afin d'alléger son corps et d'augmenter sa part de vide. Naïvement, il croyait que la nourriture augmentait la densité de la chair autant que son volume. En un mois, sa propre chair était devenue aussi sensible que la surface d'une eau paisible, et si fine qu'il pouvait distinguer les os au travers de la peau parcheminée. Mais privé de miroir, il ne pouvait se rendre compte de la pâleur grandissante de son visage. A force de privations, Paulus était devenu aussi éthéré qu'une aile de libellule.

Un jour d'automne, alors qu'un brin de soleil descendait en rappel dans sa cellule par l'étroite cheminée, il se sentit si faible que l'idée l'effleura de renoncer à son évasion, si incertaine et peut-être même fatale. Mais il ne pouvait plus reculer : « On ne va pas au bord du Rubicon pour y laver ses bas-de-chausses », se murmura-t-il à lui-même.

Cette remarque, qui devait certainement plus à Jules César qu'à Démocrite, le décida à tenter l'évasion sur le champ. Il se débarrassa de sa lourde ceinture de cuir, puis se défit de ses vieux souliers. D'une main, il tâta le mur donnant vers l'extérieur, qui parut résister. Mais il insista en douceur, par caresses successives, presque sensuelles, comme pour apprivoiser la texture rugueuse de la pierre. Il éprouva d'abord une sorte de fourmillement, puis son doigt parut s'enfoncer. Petit à petit, des espaces se créaient au sein même de la pierre. Ses propres atomes trouvaient à se propager dans les interstices laissés par les atomes du mur. Sa main tout entière s'enfonça douloureusement, puis son bras, puis son épaule.

Paulus frotta ensuite sa maigre joue contre la paroi froide. Paradoxalement, il sentit que de la chaleur en émanait, irriguant jusqu'à son cou. Sa tête tout entière finit par pénétrer le mur en douceur. Paulus découvrit alors un spectacle qu'il n'avait pas imaginé et qu'il ne parvint pas à comprendre ; des grains de lumière suraiguë frôlaient les atomes en crissant, le mur tout entier était le théâtre de très fugaces télescopages entre des projectiles de toutes sortes, de multiples oscillations naissaient un peu partout puis finissaient par s'étouffer. Les atomes qu'il découvrait, vibrants et pleins de fourmillements, n'avaient manifestement pas la simplicité que Démocrite leur avait attribuée. Ils existaient bel et bien, mais leurs trajectoires oscillantes étaient difficiles à suivre, comme si leur mouvement était sans cesse baigné d'une curieuse incertitude. A l'évidence, les modèles des anciens atomistes n'étaient pas parfaits. Certains détails ne correspondaient pas bien à ce qu'ils avaient avancé. Paulus en prit bonne note mais se dit que le moment n'était pas venu de chercher à les corriger.

Lorsqu'il fut tout entier à l'intérieur de la muraille, il sentit que son corps n'était plus tout à fait étanche. Ses atomes les plus volages le quittaient pour diffuser au sein de la matière inerte, tandis que des particules mortes prenaient insidieusement la place de ses particules vives. En lutte pour la préséance, l'animé et l'inanimé s'entremêlaient en lui. L'inerte entravait le vivant qui, en retour, réveillait l'inerte. Ces incessants processus d'échange portaient lentement son corps à la mystérieuse couture de la vie et de la mort, sans qu'il fût possible de dire laquelle allait dominer l'autre.

Paulus sentit qu'il était en train de se pétrifier. Il comprit qu'il devait désormais faire vite, qu'il lui fallait sortir de la muraille avant que son corps ne devînt complètement rigide. En un sursaut terrible, il s'extirpa de la pierre.

Son corps blême était maintenant tout à fait dégagé. Paulus se dressa dans le noir de la nuit, fier comme une cathédrale sur un ciel d'azur et heureux comme un jeune cabri étonné de se retrouver dans une prairie sans clôture. Il s'appartenait désormais jusqu'au vertige. La force de ses convictions avait vaincu la matière dense. Elle lui avait offert la liberté, accomplissant le saccage insolent des règles aristotéliciennes sur quoi reposait, aux dires de ses juges, l'ordonnance entière du monde.

Paulus fit quelques pas en respirant profondément. Il banda ses muscles secs les uns après les autres pour éliminer les traces d'inertie caillouteuse que le mur y avait laissées. Il fit tourner ses bras, plia les jambes, sollicita ses articulations. Cela le déminéralisa. En quelques minutes, il avait retrouvé un brin de souplesse.

Il se mit à marcher dans les rues sombres de la ville, ne pensant même pas à se cacher tant il se sentait léger, presque invisible. Mais peu à peu, sa démarche se fit plus lourde. A chaque pas, ses pieds s'enfonçaient un peu plus dans le sol, sa déambulation se faisait plus lente. La terre sur laquelle il marchait, parfaitement sèche, lui sembla acquérir la consistance de la boue. Paulus jura en latin, et aussi en grec.

Au prix d'incroyables efforts, il atteignit, affamé et trempé de sueur, le Campo dei Fiori. Lorsqu'il fut arrivé au centre de la place, à l'endroit exact où son compagnon Giordano avait été réduit en cendres, ses deux pieds s'ancrèrent solidement dans le sol. Paulus essaya douloureusement de les dégager, mais ses souffrances restèrent vaines. Il s'enfonça jusqu'aux genoux, puis jusqu'aux hanches, puis jusqu'à la poitrine, puis jusqu'au cou. Il hurla son désespoir et conspua la vieille doctrine de Démocrite, qui maintenant le trahissait.

Agacé, le sol atomique engloutit jusqu'au silence ses ultimes cris ondulatoires.

La Vieille querelle de l'atomisme

Si j'étais laboureur, berger, jardinier ou tailleur,
personne ne ferait cas de moi,
on m'observerait peu, on me blâmerait rarement,
je pourrais facilement plaire à tous.
Mais, parce que je délimite le champ de la nature,
entretiens les pâturages de l'âme, encourage la culture de l'esprit
et suis fin connaisseur des parures de l'intellect,
qui m'aperçoit me menace, qui me dévisage m'assaille,
qui vient à ma hauteur me mord et qui me comprend me dévore.
Giordano Bruno

Le christianisme médiéval, cadre de « L'Atome au pied du mur », a constitué un système complet de compréhension de l'homme et de l'Univers. Il inspirait l'art de gouverner les peuples, produisait des connaissances, des œuvres, des vérités et des lois, décidait de la paix comme de la guerre, organisait la production et la répartition des richesses. En face de lui, la science n'avait pas l'autorité qu'on lui accorde aujourd'hui, mais elle commençait à naître, non sans heurts. Toutes les vérités n'étant pas compatibles entre elles, les conflits entre ce que la science avançait et ce que la foi dictait furent nombreux et parfois musclés, comme l'on sait. Il n'y eut pas que la célèbre affaire Galilée relative à la rotation de la Terre. Au XVIe siècle, l'enseignement de l'Église était également en pleine contradiction avec une doctrine plus ancienne, l'atomisme, défendue par certains savants. L'affaire tournait (à l'époque, il était décidément beaucoup question de rotations) autour du mystère de l'eucharistie. En quoi le concept d'atome pouvait-il bien être hostile à l'hostie ?

Pour comprendre l'origine de la querelle, il faut remonter loin dans le temps et relire les phrases de l'Évangile décrivant l'eucharistie : « Pendant qu'ils mangeaient, Jésus prit du pain ; et, après avoir rendu grâces, il le rompit, et le leur donna, en disant : "Prenez, ceci est mon corps." Il prit ensuite une coupe ; et, après avoir rendu grâces, il la leur donna, et ils en burent tous. Et il leur dit : "Ceci est mon sang, le sang de l'alliance qui est répandue pour plusieurs." » (Marc 14, 22-23). Par quoi ces quelques lignes pouvaient-elles démentir à elles seules la vieille thèse de l'atomisme, remontant à Démocrite puis Épicure et Lucrèce, selon laquelle le monde est fait d'atomes, c'est-à-dire d'entités indivisibles, d'unités minimales, se déplaçant dans le vide ?

En 1215, au concile de Latran, le mystère de l'eucharistie reçut la savante dénomination de « transsubstantiation » : la substance pain devient chair, la substance vin devient sang. En 1563, au concile de Trente cette fois, la transsubstantiation fut élevée au rang de dogme. Celui-ci postula que le pain, tout en conservant les apparences et les propriétés physiques du pain, devient réellement le corps du Christ. Le vin, lui, fut promu au rang de sang du Christ tout en conservant les caractéristiques du vin :

« Par la consécration du pain et du vin, explique la déclaration du concile de Trente, s'opère le changement de toute la substance du pain en la substance du Corps du Christ, notre Seigneur, et de toute la substance du vin en la substance de son Sang. »

La question s'est vite posée de savoir comment interpréter un tel mystère. Elle intéressa longtemps les penseurs et les théologiens. Au XIIIe siècle, Thomas d'Aquin, s'appuyant sur la physique d'Aristote, proposa une interprétation qui prit ensuite valeur officielle. D'après Aristote, tout corps se compose d'une matière et d'une forme. La matière définit la substance du corps, tandis que la forme regroupe l'ensemble de ses propriétés. Dans la nature, le lien entre la matière et la forme est indissoluble : bien que discernables par la pensée, ces deux réalités n'existent jamais physiquement séparées l'une de l'autre. Il n'est de pain qui n'ait toutes les apparences du pain, il n'est de vin qui soit autre chose que du vin. Tout corps se présente donc à nos sens sous un ensemble d'aspects, d'« accidents » selon la terminologie de l'époque, qui lui sont spécifiques et qui nous permettent de l'identifier. Selon une telle conception, explique Thomas d'Aquin, le mystère de l'eucharistie ne peut s'interpréter que comme une rupture exceptionnelle du lien entre la substance et ses accidents : la substance du pain disparaît, remplacée par la substance du corps du Christ, alors que tous les accidents du pain subsistent. De même pour le vin. L'eucharistie fut donc pensée, à partir du XIVe siècle, comme le découplage miraculeux d'éléments normalement indissociables. En ces occasions exceptionnelles, les « accidents » du pain se maintiennent sans que la substance du pain persiste. On a en somme le goût du pain sans le pain.

Si ce découplage entre substance et accidents est envisageable dans la physique d'Aristote, au prix cependant d'une exception à une règle par ailleurs absolue, il ne l'est pas dans le cadre de la théorie atomique. Cette dernière considère en effet que les qualités sensibles des corps n'ont pas d'existence réelle : seuls sont réels les atomes et le vide. La perception des qualités sensibles résulte uniquement des contacts entre les atomes en mouvement et nos organes sensoriels. Les qualités sensibles n'ont donc pas d'existence propre :

« Convention que le doux, disait Démocrite cinq siècles avant Jésus-Christ, convention que l'amer, convention que le chaud, convention que le froid, convention que la couleur ; et en réalité : les atomes et le vide ».

Beaucoup plus tard, au XVIIe siècle, Galilée reprendra la même idée mais l'exprimera de plus tangible manière : « Quand une plume me touche les narines, cela me titille. Cette titillation est toute en moi, et non dans la plume. » Les chatouilles, loin d'être insignifiantes, peuvent donc en dire long sur notre rapport au monde, pour peu que l'on creuse la question de leur origine.

Pour un atomiste, la persistance des propriétés du pain dans l'hostie consacrée implique nécessairement la persistance des atomes constitutifs du pain. Si l'hostie conserve l'apparence du pain, c'est parce que la substance de l'hostie reste elle-même du pain « tout du long ». Il n'y a donc pas de transsubstantiation, contrairement à ce qu'affirme le dogme. D'une façon générale, l'apparence d'une chose ne peut avoir d'existence propre en l'absence de cette chose. C'est pourquoi certains partisans de la théorie atomistique furent considérés comme hérétiques, au XVIe siècle notamment, puisque leur thèse incitait à contester le dogme de la transsubstantiation.

L'impénétrabilité de la Matière selon la physique moderne

L'impénétrabilité est une propriété des corps.
Blaise Pascal, *Pensées*, VII, 512

L'idée de matière renvoie presque toujours à celle d'impénétrabilité, elle-même souvent associée à l'idée de solidité. Dans le langage courant, « solide » et « impénétrable » sont d'ailleurs deux adjectifs équivalents, mais la physique moderne, elle, ne les confond pas.

L'idée que la matière à l'échelle microscopique est solide a fait faillite au tout début du XXe siècle après que Rutherford a mis en évidence la structure interne des atomes. Ces grains de matière prétendument indivisibles se révélèrent non seulement composites (ils sont constitués d'un noyau entouré d'un nuage d'électrons), mais surtout dépourvus de toute consistance au sens usuel du terme. Le nuage d'électrons qui leur confère leur dimension est en effet d'une grande légèreté, puisqu'il ne contient que quelques dix millièmes de la masse totale de l'atome, l'essentiel de cette masse étant concentré dans le noyau, de taille très réduite. De plus, les électrons sont dépourvus de toute structure propre. C'est en fait leur répartition spatiale, et non leur consistance propre, qui donne à la structure atomique sa rigidité. La solidité d'un édifice matériel, par exemple celle d'un morceau de pierre, est une propriété collective des atomes qui résulte de leur regroupement au sein d'une structure. Puisqu'elle n'a pas de sens au niveau sous-jacent des constituants de l'atome, on dit qu'il s'agit d'une propriété « émergente ».

Quant à l'impénétrabilité, elle fut longtemps interprétée comme une propriété que les corps auraient en propre. Mais elle est aujourd'hui comprise comme une propriété *relative* de deux atomes ou de deux particules, qui repose sur un principe très abstrait de la physique quantique : le principe d'exclusion de Pauli. Celui-ci indique que deux particules matérielles identiques (deux électrons, deux protons...) ne peuvent coexister en étant rigoureusement au même endroit et dans le même état physique, caractérisé par exemple par leur énergie, leur localisation et l'orientation de leur spin, qui mesure leur « rotation sur elles-mêmes ». Ainsi énoncé, le principe de Pauli semble refléter la propriété classique d'impénétrabilité de la matière, mais en réalité il n'a pas de véritable analogue dans le monde macroscopique, de sorte qu'il est impossible d'expliquer cette caractéristique des corps solides à l'aide d'arguments tirés de la seule expérience courante. On ne peut pas non plus comprendre l'impénétrabilité à partir d'une conception naïve de l'atomisme comme celle qu'avait Paulus Elpino. En effet, si la matière solide était constituée d'atomes en forme de petites billes dures séparées les unes des autres par du vide, qu'est-ce qui empêcherait deux corps solides de s'interpénétrer, les atomes de l'un glissant dans les espaces vides de l'autre.

En définitive, l'impénétrabilité ne caractérise en rien un corps donné. Tout au plus concerne-t-elle la relation mutuelle de deux objets. Un atome peut, dans une certaine mesure, être dit impénétrable par un autre atome, mais il ne peut pas être considéré comme impénétrable en soi puisque certaines particules individuelles, électrons ou neutrons par exemple, peuvent aisément le traverser. Ainsi, la solidité d'un corps à notre échelle repose sur sa constitution atomique, mais les atomes eux-mêmes ne peuvent se voir attribuer cette qualité. Ces considérations restent vraies à l'échelle subatomique, la notion de solidité n'ayant pas plus de validité pour les noyaux atomiques ou les particules élémentaires. Prenant acte de cela, on pourrait se demander si la matérialité des corps ne s'est pas ainsi totalement évaporée. Il n'en est rien. Il subsiste en effet au niveau des particules une forme de matérialité, certes moins immédiate que celle de solidité, qui s'exprime par l'existence de lois de conservation. Celles-ci assurent la permanence de certaines propriétés non intuitives de la matière, qui justement garantissent l'existence d'édifices assez stables et assez rigides pour s'organiser au niveau macroscopique en des corps solides.

2

NOUVELLE :

Rupture de parité

ESSAI :

L'idée de matière dans la physique contemporaine

Rupture de parité

L'homme parfois prétend être matière, rien que matière,
machine pensante, gélatine désirante ;
et plus il s'obstine dans cette affirmation,
avec pour toute arme
les ressources de la réflexion et du raisonnement,
plus il prouve la suzeraineté d'un esprit
seul capable de conférer le sens.
Car la négation de la pensée est encore une pensée.
Vladimir Jankélévitch

En apparence, Paul Lepire était un homme comme les autres. De taille moyenne, il exerçait sans passion un métier routinier. Né un 6 juin sur le coup de sept heures du matin, dix ans jour pour jour après le débarquement en Normandie, c'était donc un gémeau ascendant cancer, ce qui est, dit-on, la marque d'un fou, d'un génie, d'un escroc porté à jouer avec les mots, mais le plus souvent d'un homme normal, d'un homme comme les autres. Encore que la normale…

Paul avait ceci d'exceptionnel que ses atomes étaient des êtres vivants et pensants. Ils avaient des idées sur tout, y compris sur l'avenir du porte-avions Charles de Gaulle et la cuisson des pâtes. Ils discutaient sans cesse, organisaient des forums sur à peu près tous les sujets, de la parité au principe d'indétermination de Heisenberg en passant par les droits des isotopes minoritaires, le revenu minimum d'insertion et l'effet biologique des faibles doses. Les atomes de Paul étaient en grande majorité de gauche. Tous luttaient contre la suzeraineté de l'ordre économique mondial. Tous voulaient bousculer l'ordre injuste des choses. Tous dénonçaient les mirages de la société, du profit immédiat et de la consommation passive. Ils se répartissaient toutefois en plusieurs tendances qui s'affrontaient parfois durement.

Les atomes de carbone se déclaraient écologistes. Ils faisaient de la bicyclette pour s'oxygéner et montraient beaucoup de zèle à réparer les robinets qui gouttent, par effet de « serre », disaient-ils en brandissant les clés à molette avec lesquelles ils resserraient les joints distendus. Ils s'opposaient farouchement au nucléaire, par solidarité, disaient-ils, avec leurs camarades les atomes d'uranium 235 qui, bombardés de neutrons, subissaient de scandaleuses et déchirantes fissions dans le cœur des centrales nucléaires.

Les atomes d'hydrogène, quant à eux, les atomes ultimes (à ne pas confondre avec les ultimatums), étaient communistes de génération en génération. Ils se disaient très favorables au nucléaire, mais à la fusion plutôt qu'à la fission, car seule la première leur permettait de dépenser leur énergie. Matérialistes et fanatiques de dialectique, matérialistes dialectiques donc, ils glosaient à l'infini sur la révolution qui n'en finissait pas de se faire attendre, discutaient dans les cellules du grand soir et de petits riens, mais finissaient toujours par obéir aux directives relayées par l'organe du parti qu'on distribuait chaque matin au bout de l'artère principale, à deux pas du cœur, situé à gauche lui aussi. Leur sens de la discipline et leur docilité agaçaient, notamment les atomes d'oxygène avec lesquels ils s'acoquinaient pour faire les indispensables molécules d'eau qui composaient Paul aux deux tiers minimum. Certes, leurs relations sentaient le soufre, mais ils ne rompaient jamais. Les atomes d'oxygène, gauchistes turbulents ayant le goût de la liberté, se montraient toujours fort réactifs. Leurs propos pouvaient être très acides.

Quant aux autres atomes du corps de Paul, azote, phosphore, zinc, calcium, magnésium, fer, arsenic, ils se disaient pour la plupart socialistes, terme vague destiné, aux yeux des autres atomes plus engagés, à donner un peu de couleur à un mélange de pâleur idéologique et de timidité politique. A l'occasion, ils se querellaient entre eux pour des bricoles, mais avec suffisamment d'effets de manche et d'éloquence creuse pour alimenter des « courants » qui se chamaillaient à coups de discours fleuve.

Au niveau atomique, le corps de Paul représentait donc assez bien la gauche plurielle, version très élargie. Il y avait bien sûr des tiraillements ; à l'occasion, on dévorait des couleuvres grassouillettes ; mais la cohésion de l'ensemble était maintenue et le service minimum d'une survie collective toujours assuré. « Ce qui nous rassemble est plus fort que ce qui nous divise », répétait-on inlassablement, au prix, il est vrai, de contorsions idéologiques parfois sévères. Les liaisons chimiques n'étaient jamais coupées, simplement parce qu'il en allait de la vie même de Paul. Les atomes d'hydrogène se mettaient parfois en veilleuse, parfois même en grève, mais cela ne durait jamais bien longtemps. Les oxygènes donnaient à l'occasion un coup de poing, mais se dispersaient rapidement dès qu'un militant de base un peu musclé venait mettre son grain de sel dans leurs affaires.

Ce petit monde avait finalement appris à vivre sans heurts graves ni querelles intestines trop fortes. Chaque atome était à peu près du même avis que tous les autres sur les questions essentielles, par exemple sur celle de savoir avec qui il devait former une molécule et combien d'électrons il devait mettre dans chaque liaison. Quand, à l'occasion d'une crise grave, les tiraillements entre espèces chimiques devenaient trop forts, un comité de salut public convoquait des délégués de chaque camp. Ceux-ci palabraient des heures, des portes claquaient. Pourtant, même quand leur envie première était de s'émasculer avec des couteaux rouillés, ils finissaient toujours par signer une synthèse habilement rédigée qui lissait les conflits grâce à une surcharge de baratin. L'atome de la rue devait ensuite décoder (le pauvre, c'était parfois difficile) la prose œcuménique de ces synthèses. Par exemple, si un communiqué venait expliquer qu'au final « des échanges approfondis, dans une atmosphère de franchise et de respect mutuel, avaient permis, dans un corps en pleine transformation physique, de mettre à jour de nouvelles aspirations qui, au-delà des barrières idéologiques, exigeaient un nouvel effort de redéfinition des problèmes désormais inséparables de la prise de conscience de la solidarité de l'espèce atomique, riche de ses diversités, et de l'épanouissement individuel de chaque entité, sous le double signe de la confiance et de la durée etc. », cela signifiait qu'une nouvelle commission avait été créée. Mais dans l'ensemble, les choses se passaient plutôt bien. Paul était d'ailleurs un homme robuste et plutôt bien portant.

Les atomes de Paul avaient toutefois un problème. Un problème grave, de plus en plus grave même. Ce problème, c'était Paul lui-même. Bien que constitué d'atomes de gauche, Paul était très nettement de droite, et même de plus en plus à droite à mesure qu'il prenait de l'âge et de l'embonpoint. Politiquement, il militait aux antipodes de ses éléments constitutifs. Le contenant et le contenu vivaient sans harmonie sous le régime d'une cohabitation forcée. En votant systématiquement à droite, Paul mettait en fureur ses corpuscules. Mais ceux-ci ne savaient pas comment montrer à leur hôte qu'ils étaient de l'autre bord, car ils ignoraient par quels mécanismes la pensée d'un être humain émerge de celle de ses parties. Alors ils se vengeaient comme ils pouvaient. Les soirs d'élections, lors des cocktails qui suivaient le dépouillement des urnes, Paul avait l'habitude de s'empiffrer et de boire sans mesure avec ses camarades, même lorsque son candidat n'était pas élu. Alors, les molécules normalement sollicitées dans les processus de digestion mettaient la pédale douce. Dans la nuit qui suivait, Paul souffrait de crampes d'estomac et dormait mal. Mais il mettait ses insomnies sur le compte de ses seuls excès alimentaires ou alcooliques, sans s'interroger davantage. Il y avait en somme une dissymétrie entre Paul et sa population microscopique : ses atomes savaient ce qu'il pensait, mais lui ne savait même pas que ses atomes pensaient.

Il faut dire que Paul n'avait rien d'un intellectuel. Les grandes questions, celles dont on débat avec des mots qui font parfois plus de quatre syllabes, le laissaient parfaitement indifférent. Pour lui, la politique n'était pas un champ d'idées mais un terrain de conquête. Il avait un tempérament de *supporter*. Il voulait gagner, simplement gagner, par candidat interposé. Les discussions proprement politiques l'ennuyaient. Il ne s'intéressait qu'à la stratégie et aux mots d'ordre, obéissait aux consignes de son parti et collait nuitamment des lots d'affiches qu'il avait à peine regardées. Ses atomes, attristés, le laissaient stoïquement faire, au nom de la liberté d'expression.

Mais un jour, lassé par les querelles de chefs qui paralysaient son parti et menaçaient ses scores électoraux, irrité par les aléas de la sécurité publique, écœuré par la corruption généralisée des édiles, excédé par le montant élevé de ses impôts, Paul assista par curiosité au *meeting* d'un autre parti, carrément d'extrême-droite celui-là. La mise en scène – lumières, décors, musique – était très étudiée. L'orateur, encore mieux éclairé que Mick Jagger en concert au stade de France, déambulait sur la tribune devant les oligarques du parti. Fort en gueule et gras en mots, il mania, une heure durant, l'imparfait du subjonctif à un rythme désuet. Ses intonations et ses mimiques avaient une amplitude mussolinienne. Il peaufinait ses bons mots, ciselait des formules blessantes, faisait rire aux seuls dépens d'autrui. A plusieurs reprises, il vociféra. Les douairières, nombreuses ce soir-là, frémissaient à son animalité (étant très gros, il suait allégrement). Lui se complaisait à jouer les martyrs devant une assemblée composée de gens blessés par les changements sociaux, les soûlant de mots gorgés de peur et d'images sorties d'un cerveau de saurien. Tous les grands classiques défilèrent à la queue leu leu : haine de la raison et des intellectuels, éloge de l'instinct et des émotions, condamnation systématique de la modernité, du cosmopolitisme, de l'internationalisation, des marchands, de la gauche plurielle, de la droite décadente. Paul écouta le gros bougre dans une sorte de fascination transie. Ses atomes, eux, n'en croyaient pas leurs oreilles outragées. Ils eurent envie de quitter les lieux, mais c'était impossible, la peau de Paul étant quasiment étanche.

Le lendemain, les atomes d'oxygène convoquèrent en assemblée générale les délégués de toutes les espèces chimiques.

« Il faut agir vite, très vite, hurlaient-ils. Les élections présidentielles sont toutes proches et Paul est en passe de commettre à cette occasion un acte odieux. »

Ils distribuèrent des tracts à la sortie des organes et dans toutes les veines.

Le soir même, à l'heure dite, tous les délégués se retrouvèrent dans la grande salle aménagée dans le médiastin, tout près de la trachée artère, où l'acoustique était excellente. L'atmosphère y était électrique.

« Camarades, commença un atome d'oxygène très excité, l'individu que nous formons vire aux extrêmes. Comme nous, vous avez senti qu'au cours de la réunion d'hier soir, quelques-unes de ses barrières psychologiques ont cédé. Il ne faut pas se voiler la face. Notre hôte est tout près de franchir le Rubicon. Peut-être n'est-il déjà plus républicain. Nous avons tous remarqué chez lui des petits changements qui ne laissent pas d'inquiéter. Souvenez-vous, il y a peu encore, il aimait les oiseaux. Aujourd'hui, il les déteste sous prétexte qu'en donnant l'impression d'être partout chez eux, les oiseaux feraient un tort considérable à l'idée de patrie ! Bref, le vieux délire sans limite. Mes chers camarades, c'est à nous qu'il revient de l'empêcher d'accomplir le vote odieux qui nous salirait tous. C'est à nous qu'il incombe de travailler à la restauration énergique des valeurs républicaines en son âme égarée ! Entendons-nous bien : il ne s'agit pas de remettre en cause le droit d'un tout à être différent de l'ensemble de ses parties. Ce droit est imprescriptible. Simplement, selon nous, il ne va pas jusqu'à autoriser une entité composite à nier radicalement les principes fondamentaux de ceux qui la composent. Nous devons donc agir, vite, avant que notre carcasse macroscopique nous fasse définitivement honte. Reste à voir comment. Nous sommes ici rassemblés pour discuter de la stratégie à adopter. Vous avez maintenant la parole. Vous la prendrez à tour de rôle, en suivant comme d'habitude l'ordre du tableau de Mendeleiev. »

Le délégué des atomes d'hydrogène fut donc le premier à parler. Il exposa les idées et les arguments de l'espèce atomique qu'il représentait, en prenant bien soin d'exposer également les points de vue – d'ailleurs fort proches – des atomes de deutérium, les isotopes minoritaires de l'hydrogène. Puis ce fut le tour du délégué de l'hélium, puis de celui du lithium, puis de celui du béryllium, puis de celui du bore, etc. Plusieurs tendances se dessinèrent peu à peu, qui furent ensuite discutées.

Invoquant la liberté de conscience, certains atomes de gaz rare comme le néon ou l'argon, inertes par nature, étaient partisans de ne rien faire. L'un d'entre eux prit la parole pour dire que lui et ses camarades ne voulaient rien changer à leurs habitudes, que le comportement de leur hôte ne les regardait pas, que de toute façon celui-ci était libre de penser ce qu'il voulait et qu'eux-mêmes refuseraient tous les mots d'ordre. Il ajouta en guise de conclusion, avec un sourire un peu narquois :

« Le fascisme est certes une horreur qu'il faut combattre, mais il ne suffit pas de se déclarer antifasciste pour démontrer qu'il n'y a rien de fasciste en soi. »

Il fut aussitôt hué. On le traita de traître à la cause, et même de centriste. Refusant de polémiquer, il se réfugia dans un splendide isolement.

Les atomes légers, radicaux dans l'âme, proposèrent de déclencher chez Paul une maladie suffisamment grave pour entraver ses possibilités de déplacement et ses capacités de réflexion. Des atomes lourds contestèrent leurs arguments.

« Nous devons veiller à ce que Paul garde son libre arbitre et sa motricité, expliquèrent-ils, car il en va de notre honneur d'atomes corporels. Le corps de Paul doit rester sain. »

Un compromis fut rapidement trouvé grâce aux atomes de fer, de masse intermédiaire. Insistant sur la gravité de la situation, ceux-ci en appelèrent à l'esprit de corps, réclamant l'union sacrée de tous les atomes pour une durée indéterminée. Ils proposèrent une stratégie simple à mettre en œuvre, qui recueillit l'assentiment général. A chaque fois que Paul se mettrait à penser avec trop de complaisance à des idées d'extrême-droite, des groupes organisés d'atomes s'arrangeraient pour l'indisposer d'une façon ou d'une autre, en lui infligeant des symptômes physiques, temporaires et réversibles, en rapport avec la gravité de ses pensées. Borborygmes intempestifs, crampes éphémères, brefs ulcères, courtes céphalées, vomissements, l'échelle des peines laissait place à toutes sortes de nuances et de combinaisons. Mais une règle d'or s'imposait : zéro perte dans les rangs.

Le lendemain, Paul lut avec attention quelques feuilles d'un journal d'extrême-droite distribué lors du *meeting*, approuvant de la tête, riant même parfois. Ses atomes, extrêmement vigilants depuis la veille, sentirent que quelque chose de malsain était en train de se passer. Sans attendre le compte rendu écrit des éclaireurs partis inspecter les différents lobes du cerveau, certains groupements d'atomes menèrent des opérations commando. Ils déréglèrent quelques métabolismes, firent sauter deux ou trois synapses, puis retournèrent à leurs positions de départ. Quelques instants plus tard, Paul se mit à transpirer et à ressentir de très violents maux de tête. Une sensation d'écœurement l'envahit. Sa vue se brouilla au point qu'il dut interrompre sa lecture. Au bout de quelques minutes, le malaise cessa, mais Paul n'eut pas le cœur à reprendre son journal. Objectif atteint ! C'était plutôt encourageant.

Dans les jours qui suivirent, des scénarios analogues se succédèrent. Dès que les pensées de Paul dérivaient vers les extrêmes, les atomes se mobilisaient sur tous les fronts. Certains d'entre eux, aveuglés par un enthousiasme trop belliqueux, enfreignirent les consignes. Ils allèrent jusqu'au sacrifice, entraînant parfois avec eux des cellules entières. Paul perdit du poids en conséquence et, à force de nausées et de crampes, finit par s'affaiblir. Au bout d'une semaine, il dut s'aliter. Cela ne l'empêcha guère de se comporter comme un grossier mal pensant. Même en rendant tripes et boyaux, il continuait de hurler des slogans abjects, proférait des raccourcis injustes, accusait tous azimuts. La stratégie adoptée montrait là ses limites.

Pour de minuscules atomes, il n'était pas si facile de faire indûment la loi à un corps électoral de taille macroscopique, d'autant qu'ils ne savaient pas d'où émergeait la pensée de Paul ni comment elle était reliée à la leur. Quels étaient les bras de levier par lesquels ils auraient pu l'infléchir ou la tempérer ? Tout le problème venait de ce que Paul n'avait pas perçu le lien de causalité qui unissait ses malaises physiques à ses égarements politiques.

Il fallut donc convoquer une deuxième assemblée générale. Les atomes d'oxygène s'en chargèrent à nouveau. Cette fois, il fallait frapper un grand coup. Le premier tour des élections présidentielles était imminent et les mauvaises intentions électorales de Paul ne faisaient plus guère de doute. La réunion fut de courte durée. L'heure était beaucoup trop grave pour que l'on s'éternisât en futiles digressions. On rendit d'abord un hommage solennel aux très nombreuses victimes tombées pour la démocratie, la justice et le droit. Certaines espèces atomiques comptaient des milliards de milliards de morts dans leurs rangs. On mit tous les cortèges électroniques en berne, les spins nucléaires se placèrent au garde à vous dans un bruit de claquement, puis on respecta une minute de silence. L'émotion fut vite à son comble. A peine quelques secondes s'étaient-elles écoulées qu'on entendit de gros atomes sangloter comme des enfants. D'autres plus légers leur emboîtèrent le pas. A la fin de la minute de silence, le tableau périodique des éléments était tout entier en larmes.

Quand les esprits se furent ressaisis, il fut collectivement décidé, au nom des principes de la démocratie et du suffrage universel, de cesser toutes les opérations commando. Il fallait que Paul récupère assez de forces pour se rendre au bureau de vote et qu'il puisse voter en pleine conscience. Pour finir, une résolution héroïque fut adoptée à l'unanimité : si, comme cela était à craindre, pour le premier tour des élections présidentielles, Paul déposait dans l'urne un bulletin de couleur brune, le souvenir des atomes morts au champ d'honneur commandait que le corps de Paul ne survive pas à cet acte insensé. Tous les atomes qui le constituaient rompraient aussitôt leurs innombrables liaisons chimiques.

Dans les jours qui suivirent, Paul reprit effectivement des forces, mais rien ne changea dans son comportement outrancier. Fidèles à leur parole, les atomes ne déclenchèrent aucune offensive contre lui. Le jour J, dès l'ouverture du scrutin, il se rendit gaillardement au bureau de vote, en sifflotant. Il prit un exemplaire de chacun des bulletins disposés à l'entrée, s'engouffra dans l'isoloir, en ressortit très vite, fila vers la table portant l'urne, présenta ses papiers à l'assesseur puis posa sur la fente fermée de l'urne son enveloppe. Elle contenait le bulletin honni et redouté. « A voté », lança le président du bureau en actionnant la manette de l'urne. Les atomes en eurent le ventre serré de honte et d'effroi. Paul signa le registre.

Dès qu'il eut fini, les atomes cassèrent toutes leurs liaisons mutuelles. Tandis que tous devenaient simultanément inertes, sans vie et sans pensée, Paul se volatilisa en un gaz invisible qui se répandit dans toute la salle.

Le soir, le ministre de l'Intérieur, tout de gris vêtu, annonça devant les caméras de télévision les résultats officiels du premier tour des élections présidentielles. Le candidat d'extrême-droite était arrivé en tête. Il n'avait obtenu qu'une seule voix d'avance.

L'idée de Matière dans la physique contemporaine

(L'énergumène) – Qu'est-ce la matière?
(Le philosophe) – Je n'en sais pas grand-chose.
Je la crois étendue, solide, résistante, gravitante, divisible, mobile;
Dieu peut lui avoir donné mille autres qualités que j'ignore.
Voltaire, *Dictionnaire philosophique*, Matière, I

Les physiciens ont l'ambition ultime de découvrir les lois qui régissent le comportement des choses matérielles, mais ils ne s'aventurent pas à essayer de définir la matière proprement dite. Ils savent qu'il est toujours difficile de définir les mots importants. Peut-être est-ce même impossible puisque, si ces mots sont vraiment fondamentaux, on ne peut pas les rapporter à autre chose qu'eux-mêmes. Définir, c'est avant tout ramener une conception donnée à une autre plus fondamentale. Mais qu'y a-t-il de plus fondamental que ce qui est déjà fondamental? Rien, et c'est sans doute pourquoi le philosophe Martin Heidegger avait raison de remarquer que les scientifiques posent très peu de questions comme « Qu'est-ce que le temps? » « Qu'est-ce que l'espace? », « Qu'est-ce que la matière? », alors que c'est souvent la réponse à ces questions que l'on attend d'eux.

Il faut dire que la vieille notion de matière, par exemple, n'est pas facile à cerner. La philosophie moderne ne la définit d'ailleurs que négativement: la matière est ce qui n'est pas esprit, ce qui n'est pas pensée, ce qui n'est pas conscience, ce qui n'est pas sensibilité, ce qui n'est pas liberté...

Mais la matière est par ailleurs l'objet d'une science mûre: la physique. Seules les sciences de la vie en sont *a priori* exclues, même si des ponts de plus en plus nombreux sont jetés entre la physique et la biologie. En fait, la question de savoir si les caractères des êtres vivants sont réductibles à la physique et à ses lois fondamentales constitue l'une des questions les plus importantes que l'on puisse poser à propos de la science. Les connaissances actuelles sur ce sujet, bien qu'en progrès considérable, gardent un caractère trop préliminaire pour qu'on en tire de fermes conclusions.

On considère généralement que la physique a pour objet l'étude de la nature dans ce qu'elle a d'inerte, c'est-à-dire qu'elle vise à connaître les propriétés des objets matériels et à déterminer les lois qui régissent leur comportement. Ces objets matériels, par exemple les atomes (y compris ceux qui composent les êtres vivants et pensants que nous sommes), sont supposés ne pas être eux-mêmes des êtres vivants et pensants. Quels qu'ils soient et où qu'ils soient, on fait l'hypothèse que ce sont des entités sans vie et dépourvues de toute idée, dont seule l'agglomération nombreuse et organisée peut produire la vie et la pensée. Plus généralement, un ensemble d'atomes a en général des propriétés que ses atomes n'ont pas. Il y a plus de deux millénaires, Lucrèce avait déjà fait remarquer qu'on peut rire sans être formé d'atomes rieurs et qu'on peut philosopher sans être formé d'atomes philosophes. Aujourd'hui, alors que les atomes ont cessé d'être des entités métaphysiques pour devenir des objets de science, on sait que ceux que l'on trouve dans une peinture rouge ne sont pas rouges et que tout corps solide est constitué d'atomes dont on ne peut pas dire qu'ils sont eux-mêmes solides.

Le principe selon lequel la matière est inerte et ne pense pas est fondateur de la physique. Cette dernière ne prétend toutefois pas que rien d'autre n'existe que la matière inerte. Elle laisse donc ouverte la question du lien entre matière et esprit. Pour traiter plus avant cette question, il faut nécessairement s'engager sur le terrain philosophique. Là, deux grands courants de pensée s'opposent : le matérialisme, d'une part, et l'idéalisme, d'autre part. A l'inverse de l'idéalisme, le courant de pensée philosophique appelé « matérialisme » désigne la position qui consiste à penser que la vie de l'esprit est à la fois produite et déterminée par la matière, en quelque acception que l'on prenne ce mot. Il affirme, contre l'idéalisme, que la pensée n'est pas « un quelque chose en soi » puisqu'elle se réduit en définitive au substrat matériel qui la porte. Prétendre cela n'équivaut pas à nier l'existence de la pensée. C'est seulement nier son indépendance ou, si l'on préfère, son existence autonome. Pour un matérialiste, rien n'existe qui ne soit matière ou produit de la matière, rien n'existe qui ne soit, en droit, connaissable par la physique ou réductible, en dernière instance, à des processus qui le sont. Le matérialisme pousse donc à ses dernières conséquences ce que la physique d'une époque impose ou autorise.

Mais que dit la physique moderne à propos de la matière? Spontanément, nous attribuons à la matière un certain nombre de propriétés qui nous semblent aller de soi : la matière est solide, elle est impénétrable, elle est pesante, elle est composée de particules, c'est-à-dire de constituants élémentaires bien localisés dans l'espace; la matière se conserve, c'est-à-dire qu'elle ne peut ni apparaître à partir de rien ni disparaître complètement, etc. La physique ayant vécu de profondes révolutions au XXe siècle, on est en droit de se demander si la matière que considèrent aujourd'hui les physiciens n'a pas perdu ses vieux parfums d'évidence. Est-elle vraiment comme le langage courant dit qu'elle est?

Nous ne tenterons de répondre à cette question que sur trois points: la matière se conserve-t-elle vraiment? Ses constituants élémentaires sont-ils bien localisés dans l'espace ? Les particules sont-elles des choses tout à fait ordinaires, mise à part leur très petite taille ?

Une matière dont la masse ne se conserve pas

La matière peut se transformer : un glaçon devient eau liquide au soleil, une bûche qu'on embrase devient cendre. Mais au gré de ces changements de forme ou d'apparence, la matière ne cesse jamais d'exister en tant que matière. La matière n'a pas la possibilité de disparaître sans laisser de traces, faute de quoi on pourrait enfermer dans une boîte un bloc de matière et découvrir un peu plus tard en rouvrant la boîte qu'il a disparu. Lorsque nous constatons qu'un objet n'est plus à sa place, nous pouvons être certains qu'il ne s'est pas volatilisé : quelqu'un l'a forcément pris, déplacé ou volé. En d'autres termes, si nous pouvons parler de contenu de matière sans que l'expression soit vide de sens, c'est qu'il existe une loi de conservation la concernant.

Une idée fort ancienne et fort répandue consiste d'ailleurs à dire que la matière est ce qui se conserve. Le principe de conservation selon lequel « rien ne naît de rien et rien ne retourne au néant » constitue le postulat fondamental de la physique grecque depuis Parménide. Il s'exprime au XVIIIe siècle sous la forme du célèbre « rien ne se crée, rien ne se perd, tout se transforme » de Lavoisier.

Or ce principe de conservation ne vaut justement pas pour la matière à l'échelle microscopique. A notre échelle, lorsque deux objets, par exemple deux verres, se percutent, ils volent en éclats. Si nous avons de la patience et un peu de colle, nous pouvons ramasser les débris, les recoller et reconstituer les verres. Une telle opération est possible parce que les éclats sont formés des fragments issus des deux verres entrés en collision. Nulle matière n'est apparue qui n'était déjà présente au départ.

Cette règle n'est pas vraie à l'échelle des particules. Grâce à de grands accélérateurs au sein desquels circulent des particules de haute énergie, à des vitesses proches de celle de la lumière dans le vide, on peut refaire l'expérience des verres avec des objets beaucoup plus petits et beaucoup plus rapides. De très nombreuses particules nouvelles, c'est-à-dire différentes des particules entrées en collision, apparaissent brutalement, comme sorties du néant. Certaines de ces nouvelles particules sont plus lourdes que les particules incidentes, ce qui peut surprendre. C'est un peu comme si notre collision entre deux verres donnait naissance à une carafe et deux bouteilles. Dans cette affaire, on ne peut plus dire que les particules issues d'un choc entre deux particules de haute énergie étaient déjà là avant la collision. Elles ne sont pas des débris des particules initiales. La matière n'est pas conservée. L'énergie même du choc s'est transformée en matière. Plus précisément, l'énergie liée au mouvement des particules s'est convertie en masse, c'est-à-dire en nouvelles particules. Dans ces violents processus, ce n'est pas la matière mais l'énergie qui s'est conservée.

Or qu'est-ce que l'énergie ? C'est quelque chose de très abstrait, que l'on représente par un être mathématique particulier. La notion de matière, quand on la rattache à l'idée de conservation, s'évanouit donc dans celle d'un être presque immatériel. On part du concret, mais on se retrouve au bout du compte dans une représentation purement abstraite.

Des particules éphémères et mal localisées

Une autre conception simple de la matière l'assimile à ce qui persiste dans l'espace et dans le temps. Elle a elle aussi fait faillite : de très nombreuses particules de matière ne sont pas spontanément « là ». Elles ne peuvent apparaître lors d'une collision entre particules au sein d'un accélérateur que si l'énergie y est suffisante pour qu'une fraction de cette énergie se matérialise en ces particules. Presque aussitôt apparues, elles se désintègrent en d'autres particules plus légères. Les particules, presque toutes éphémères, sont donc loin d'avoir la persistance qu'on attribue d'ordinaire à la matière.

De plus, les particules sont des objets quantiques. A ce titre, elles ne jouissent pas en général d'une authentique permanence, au sens où l'on pourrait les suivre individuellement et constamment dans l'espace. Elles n'apparaissent qu'ici ou là lors d'une mesure, c'est-à-dire lorsqu'elles sont détectées par un appareil conçu pour effectuer cette détection. Il n'est donc pas possible, même par la pensée, de leur attribuer dans l'intervalle séparant deux mesures une trajectoire bien définie, c'est-à-dire de les imaginer occupant à chaque instant un lieu précis.

Une matière « déchosifiée »

Des textes de Niels Bohr, l'un des pères fondateurs de la physique quantique, émerge même l'idée que les objets quantiques ne possèdent aucun attribut qui leur soit propre. Ils constituent de fait des « touts » indivisibles avec les instruments d'observation :

« Le point décisif, écrit Niels Bohr, est ici d'avoir reconnu que toute tentative est vouée à l'échec, qui aurait pour but d'analyser à l'aide des méthodes et des concepts de la physique classique "l'individualité" des processus atomiques qui résulte de l'existence du quantum d'action, et cela parce qu'il est impossible de séparer nettement un comportement non perturbé des objets atomiques de leur interaction avec les instruments de mesure indispensables pour cette analyse. »

Erwin Schrödinger, un autre père fondateur de la physique quantique, a précisé à sa façon cette perte d'identité des particules élémentaires :

« Il peut paraître presque ironique, note-t-il, que ce soit précisément pendant ces années au cours desquelles nous avons réussi à suivre à la trace des particules ou des atomes isolés, individuels, que nous avons été obligés de renoncer à l'idée qui fait d'une telle particule une entité individuelle dont "l'identité" subsiste en principe éternellement. Bien au contraire, nous sommes actuellement obligés d'affirmer que les constituants ultimes de la matière n'ont aucune "identité". »

Schrödinger s'était convaincu que certaines conditions expérimentales nécessaires pour faire opérer le concept de particule en toutes circonstances ne sont pas remplies en physique microscopique, et que c'est cette difficulté qui donne lieu à toute une série de paradoxes bien connus de la physique quantique. Il suggérait donc que l'on fît l'économie du concept de particule, dès lors que le pouvoir prédictif du formalisme n'en dépendait pas et que l'utilisation persistante de ce concept dérivé de la physique classique avait des conséquences paradoxales. Lorsque l'on pense aux particules, on imagine volontiers des objets localisés dans l'espace, des sortes de boules de billard minuscules et très dures. Or cette façon de voir est rigoureusement démentie par la physique quantique, qui interdit de les penser comme des choses ordinaires, relevant d'une géométrie bien définie. Cela n'aurait guère de sens de leur attribuer une forme ou une texture analogue à celles des objets macroscopiques.

Au bout du compte, l'examen de la matière au niveau de ses constituants fondamentaux la montre en quelque sorte « déchosifiée » puisque aucune des caractéristiques par lesquelles nous décrivons les choses à notre échelle ne lui est plus applicable. La matière perd ses parfums d'évidence lorsqu'on la scrute au niveau microscopique. On pourrait donc presque dire qu'elle est à cette échelle d'une autre « nature » que la matière ordinaire. D'ailleurs, aucune des lois fondamentales de la physique n'a pu être directement tirée de l'observation courante.

La formalisation mathématique des théories physiques nous a finalement éloignés – sans doute à tout jamais – des idées spontanées que nous nous faisons à propos de la matière. Dès lors, de quelle sorte de réel la matière procède-t-elle ? Que faut-il penser sous le qualificatif de « matériel » ? Les formalismes mathématiques auxquels a recours la physique donnent l'impression d'être de mauvais conducteurs de la réalité, comme si le sort de toute représentation du réel était de laisser celui-ci à la traîne : plus la représentation se précise, plus on constate que le réel s'est perdu en cours de route. Chaque médiation diffère de ce qu'elle est censée médiatiser, c'est-à-dire de la « chose en elle-même ». C'est en cela qu'elle constitue une différence, mais aussi ce que Jacques Derrida appelait une « différance », en ce que la chose est à jamais différée.

Il en va en quelque sorte de la matière en physique comme de la Loi chez Kafka : toutes deux sont données comme infiniment proches, mais aussi toujours différées, toujours remises au lendemain. Souvenons-nous de l'homme de la parabole du *Procès*, qui attend d'avoir accès à la Loi :

« Une sentinelle se tient postée devant la Loi ; un homme vient un jour la trouver et lui demande la permission de pénétrer. Mais la sentinelle lui dit qu'elle ne peut pas le laisser entrer en ce moment. L'homme réfléchit et demande alors s'il pourra entrer plus tard. “C'est possible, dit la sentinelle, mais pas maintenant.”

[...] La sentinelle lui donne un escabeau et le fait asseoir à côté de la porte. Il reste là de longues années. » (On connaît la suite : l'homme, qui a vieilli et va mourir, demande comme seule grâce à la sentinelle de répondre au moins à une seule question : comment se fait-il qu'il soit le seul à attendre ainsi devant cette porte de la Loi ? « Parce que cette porte n'était que pour toi, répond la sentinelle. Maintenant je m'en vais et je ferme la porte. » Les physiciens, qui sont plusieurs centaines à travailler sur chaque expérience de haute énergie, ont la chance que leur quête soit moins solitaire !)

L'homme de Kafka est donc un peu dans la situation du physicien attendant une ultime expérience décisive. La question est de savoir qui ou quoi fait office de sentinelle pour les physiciens. La finitude de l'intelligence humaine ? Celle du budget de la recherche ? Dieu ? Ou bien la matière elle-même ?

Il semble qu'à force d'avoir été analysée, la vieille idée de matière a perdu beaucoup de sa texture, comme une pomme qu'on n'en finit pas de peler, au point qu'un matérialiste moderne, convaincu que « tout est issu d'une réalité non spirituelle », aurait du mal à définir l'objet ou le concept sur lequel il pourrait pointer le doigt et s'exclamer : « La matière, c'est cela. » En somme, empêché par les évolutions récentes de la physique de décrire trop naïvement le principe ou l'objet qu'il met au cœur de sa philosophie, il ne peut plus être matérialiste que métaphysiquement.

3

NOUVELLE :

Les Facéties de l'axe

ESSAI :

Les objets mathématiques existent-ils ?

Les Facéties de l'axe

Toute pensée émet un coup de dés.
Stéphane Mallarmé

Paul Lejeune marchait ce soir-là dans les rues bordant le théâtre de l'Odéon. Le *Horse Tavern* avait vidé son dernier client et rangé ses plantes vertes. Pas un chat, hors les vrais. C'était un moment de calme absolu. La pleine lune de juillet ridiculisait les réverbères municipaux et baignait les rues d'un silence étrangement méditatif.

Paul Lejeune réfléchissait silencieusement sur un sujet bizarre pour la saison : les mathématiques. Régissent-elles le monde ? Les nombres sont-ils l'essence des choses ? Ou ne font-ils que refléter un ordre que l'homme voudrait y voir ? Volatilisent-ils le réel en une cendre de chiffres ou en favorisent-ils la révélation ? Depuis son tout récent succès à l'agrégation de mathématiques, ces questions ne cessaient d'occuper l'esprit de Paul. A vrai dire, elles le préoccupaient depuis toujours, mais il les avait laissées de côté pendant ses études. Dès lors qu'un examen ou un concours se pointe à l'horizon, on cesse de suivre la pente de sa curiosité. Il faut viser le but, rien que le but, en fuyant toute passion parasite, comme une flèche tendue vers sa cible. Paul s'était donc auto-condamné durant de longs mois à une concentration studieuse, que ni Roland Garros, ni le Mondial, ni le premier quart du Tour de France n'avaient interrompue. Il avait été brillamment reçu, à la sixième place, devant un peloton de normaliens.

Depuis la proclamation des résultats, Paul avait un air d'été sur le visage. Soulagé, débarrassé des petits renoncements qu'exige la préparation des grands concours, il pouvait suivre à la télévision les grandes étapes des Alpes, voir Marco Pantani, angélique et incroyable, s'envoler en direct vers l'Alpe d'Huez, prendre le temps de sentir, d'avoir plaisir à être, de réfléchir en marchant, de respirer aussi, même si, à Paris, cela ne relève pas toujours de la gourmandise. Ce soir-là, il repensait à certains de ses professeurs auxquels il devait une large part de son succès. Il débordait de reconnaissance envers eux, mais un trait de leur enseignement l'avait constamment mis mal à l'aise. Ils parlaient toujours des mathématiques comme si elles régnaient en réalité absolue dans l'Univers, comme si elles possédaient une existence enchantée, en un certain sens supérieure à celle de tous les autres êtres. « Bernique, se dit-il, ni le mouvement des étoiles, ni l'esthétique des nuages, ni l'exacte périodicité des feux tricolores, ni la régularité des architectures, ni l'omniprésence circulaire du nombre ne suffisent à me convaincre de l'existence d'une législation implacable régissant le monde empirique. » Paul se demandait très sérieusement si, en l'occurrence, il ne s'était pas fait refiler de la limande pour de la sole. Car qu'en est-il du hasard pur, de la poésie des ciels d'avril, de la mélancolie des jeunes filles, de la vie tout court, de ses improvisations magnifiques ? Qu'est-ce que l'arithmétique, le théorème de Pythagore, la loi des grands nombres ou la théorie des groupes pourraient bien avoir à dire de tout cela ? Les mathématiques n'épuisent pas la vérité des choses. Quant à la rigueur qui sert de viatique aux matheux, elle a trop souvent l'allure d'un corbillard. Sans battre un cil, elle enterre la sensibilité, la poésie, et peut-être même l'âme tout entière. Les mathématiques ne sont sans doute qu'un jeu de l'esprit, le juste jeu de propositions justes entre elles, comme on dit parfois. Mais Paul n'était ni un esthète ni un joueur. Les concepts éthérés commençaient à l'ennuyer sérieusement. Il avait assez donné dans l'intangible et la chimère. Il avait suffisamment trimé pour l'honneur de l'esprit humain. « Moi, je veux vivre dans du réel bien dodu, je désire respirer en vrai. Depuis l'agrégation, je suis agité de sensations diffuses que je ne m'explique pas, que les mathématiques n'expliquent pas. Le réel a changé de couleur. Il s'est nimbé de poésie, et les maths n'ont rien à y voir », marmonna-t-il pour finir entre deux bouchées d'un sandwich crudités dont la dégoulinante mayonnaise commandait qu'il fût vite mangé.

De retour dans son petit studio de la rue Monsieur le Prince, Paul déboucha une bière mexicaine qu'il but lentement, à toutes petites gorgées, en commençant par la première qui est aussi, paraît-il, la meilleure. Les yeux grands ouverts, fixant le vide profond de la nuit à travers les vitres, il prit la résolution de profiter de ses vacances pour stabiliser sa philosophie personnelle à propos du statut des concepts mathématiques. L'affaire lui paraissait importante. Il en allait presque de l'orientation qu'il donnerait à sa vie. Bien sûr, il n'avait pas l'intention de ne faire que cela. Il voulait aussi mordre la vie à pleines dents. Il se sentait amoureux, mais il ne savait pas encore de qui. Son cœur tressaillait au moindre froufroutement de jupe. Les femmes qu'il avait croisées dans la journée avaient déclenché en lui une surabondance d'émotions. Dans leur sillage, il avait perçu les parfums d'un univers singulier, envisagé un vaste futur, une vie belle, maints plaisirs, de fulgurantes tachycardies et des rires.

Le lendemain, Paul passa de longues heures assis aux terrasses des cafés, dévorant les femmes du regard et une salade de temps en temps. Périodiquement, en vertu de sa résolution de la veille, il faisait l'effort de jeter un œil dans l'une des revues de physique théorique qu'il avait amenées dans sa petite sacoche à bandoulière.

Tous les articles pullulaient de symboles, d'équations, de signes extraordinaires. Il n'y avait plus de doute possible. La pénétration des mathématiques les plus formelles au sein des sciences de la matière était manifestement intense et irréversible. A la fin de la journée, Paul en était à se demander, dans une sorte de rêverie éveillée, lequel des deux mondes, le sensible ou l'intelligible, était le plus vrai. Un sourire existe-t-il autant qu'une formule? Où situer la frontière qui sépare la loi formelle de la vie? Comment dire la poésie du monde?

Dans les jours qui suivirent, il se trouva pris d'une sorte de boulimie de lectures philosophiques. Travaillant en zigzag, il passait rapidement d'un grand auteur à un autre sans se fixer sur aucun, puis revenait sur ceux qui l'intéressaient le plus. Il y avait quatre ou cinq livres simultanément ouverts sur sa table, en général de contenu hétérogène, par exemple *la Métaphysique* d'Aristote, *Les Fondements mathématiques de la mécanique quantique* de von Neumann, tel opuscule de Leibniz ou de Frege. Paul donnait l'impression de les lire ensemble. Il jugeait important de changer toujours de posture intellectuelle, de ne pas rester trop longtemps sur une seule jambe, afin d'éviter de s'ankyloser, comme quelqu'un qui gravit longuement une montagne redescend parfois un bout de chemin, afin de se reposer et de faire jouer d'autres muscles. Cette exploration occupa Paul pendant plusieurs jours, mais finalement, il se sentit incapable de choisir un camp. Certains textes qu'il avait lus, trop difficiles pour lui, l'avaient empêché d'éclaircir ses idées.

Abandonnant les livres, Paul voulut poursuivre son travail par une enquête de terrain. Lassé des miasmes parisiens et des pics de pollution à répétition, il décida de partir quelques jours à Genève dans l'espoir d'y rencontrer des physiciens du CERN, le grand laboratoire européen de physique des particules. Il débarqua au pays des banques par un beau dimanche après-midi. La tranquillité des rues du centre ville donnait une idée assez exacte de l'infini. Au pied de la cathédrale Saint-Pierre, dans la grande avenue aux tramways, il y avait juste assez d'activité pour qu'on ne pût pas croire que la ville était vraiment morte. Il faisait très chaud. Le bitume helvétique suppurait sous la canicule.

Paul se dirigea vers les bords du lac Léman, qu'une chaude lumière d'août caressait de l'épuisement de ses reflets. Il y avait dans l'air comme un orage qui s'annonce, comme un amour qui s'avance. Dans le lointain, il aperçut les montagnes comme autant de têtes étranges et blanchâtres émergées du sol. Il distingua le massif rosissant du Mont-Blanc, rythmé par la lumière et bordé par le ciel, avec à sa gauche l'Aiguille Verte, sublime et nuageuse, et les Drus, mythiques et noirs. Il passa au pied du majestueux jet d'eau (cent dix mètres d'après la brochure touristique) qui donnait l'impression de flotter dans les émanations de chaleur puis laissait retomber une écume irisée et rafraîchissante dans une apothéose de lumière. Le monde avait allumé son génie. Paul le trouva si beau et si plein que l'idée d'un arrière-monde, d'un monde sous-jacent, lui sembla rigoureusement improbable.

Dès le lendemain matin, il contacta le service des visites du CERN. Après discussion, il obtint le privilège de découvrir le jour même, avec un guide pour lui seul, les gigantesques accélérateurs de particules tapis dans les profondeurs du calme paysage bordant la frontière franco-suisse. Le guide s'avéra très jolie. Jeune italienne en thèse de physique théorique depuis deux ans, Maria attendait Paul à l'heure dite, debout dans le grand hall. Véritable Vénus callipyge transportée de siècle en siècle jusqu'à un décor de haute technologie, elle était petite et brune, au sourire diaphane et aux yeux verts, dans tout son épanouissement de beauté. Ses lèvres étaient rouges, d'un rouge si frais qu'on y devinait la catastrophe.

Paul aima tout de suite la douceur de sa voix. Ils avaient presque le même âge et une connivence immédiate les rapprocha. Paul suivit Maria dans de très longs couloirs. Ils prirent un grand ascenseur pour descendre à quelque cent mètres sous terre, dans le tunnel qui abrite le LEP, un collisionneur de particules de vingt-sept kilomètres de circonférence. Là, dans un tube métallique gainé de blindage, des électrons circulent à une vitesse folle, proche de celle de la lumière, bouclant plus de dix mille tours de l'anneau à chaque seconde, et viennent régulièrement percuter un autre faisceau de particules tournant en sens inverse. Bourrées jusqu'à la moelle d'énergie cinétique, ces particules provoquent par leurs chocs l'émergence d'autres particules fugaces qui finissent par se désintégrer selon des processus que les physiciens cherchent à décrire. En somme, les tout premiers pas de la matière en ce bas monde sont reconstitués dans des sortes de *big bang* miniatures. D'énormes détecteurs multicolores, ronronnants et clignotants, recueillent leurs traces.

Paul découvrit tout cela bouche bée. D'innombrables questions l'assaillirent, mais il lui fallut attendre quelques minutes avant de pouvoir les formuler. Comment avait-on pu en arriver à tant de sophistication ? Sur quoi s'appuyait la puissance colossale de la physique ? Pourquoi de si grosses machines pour déceler de si petites particules ?

Maria s'arrêta à moins d'une vingtaine de mètres du *big bang*, au pied d'un gigantesque détecteur de particules baptisé *Aleph*. D'une voix forte mais suave, elle expliqua à Paul que, dans la seconde moitié du XXe siècle, des arguments d'ordre purement mathématique avaient permis aux physiciens de concevoir l'existence de nouvelles particules et d'en préciser les caractéristiques dès avant leur mise en évidence expérimentale. Ce fut le cas des bosons intermédiaires, ces particules lourdes découvertes en 1983, qui transmettent l'interaction nucléaire faible. C'était déjà le cas de l'antimatière, dont l'existence fut annoncée par Dirac à la fin des années vingt à partir de la seule interprétation d'une équation mêlant théorie de la relativité et mécanique quantique. Au XXe siècle, conclut-elle, les mathématiques ont acquis en physique une véritable portée ontologique. Elles ont contribué à meubler le réel des physiciens et pourraient bien révéler la profondeur cachée du monde.

Paul l'écouta attentivement, mais quelque chose de profond en lui le retenait de suivre Maria dans son pythagorisme rénové. Il la suivit en revanche jusqu'à son bureau. Là, un peu intimidé, il lança le débat. La question était en somme de savoir si les mathématiques ne sont que des productions de mathématiciens, sujets de chair et d'os, ou si elles reflètent les Idées d'un monde abstrait et séparé ? Pour mieux se faire comprendre, Paul se saisit d'une craie et traça au tableau un repère à trois dimensions. Il représenta les axes *Ox* et *Oy* dans le plan même du tableau, puis figura l'axe *Oz*, perpendiculaire au tableau, par un point entouré d'un cercle, donnant l'impression que cet axe pointu jaillissait telle une flèche hors du tableau. Ses mains tremblaient légèrement.

« Ces axes, que sont-ils exactement ? Je peux bien sûr les représenter par des figures comme celle que je viens de tracer au tableau, mais le concept d'axe, lui, je ne peux pas le représenter. Ce n'est pas un objet ordinaire. C'est une idée. Or on ne dessine pas une idée. Toute la question est de savoir si les idées de ce type ont une contrepartie tangible dans le monde physique.

– C'est une question de fond que je me suis moi-même posée, reprit Maria qu'un léger sourire ne quittait pas. J'y ai répondu à ma façon. Si l'on admet que les concepts mathématiques sont seulement abstraits, on a du mal à expliquer que les mathématiques puissent mordre aussi efficacement sur le réel empirique. D'où tireraient-elles leur puissance si rien ne les reliait à la réalité concrète ? A mon avis, les mathématiques ne charrient pas que des idées pures ou désincarnées comme tu sembles le croire. Elles sont en contact direct avec le monde. Elles permettent en somme de faire coïncider la carte que nous avons dans notre tête avec le territoire que nous sommes amenés à parcourir. »

A mesure qu'elle parlait, Paul sentait émerger en lui des sentiments d'une violente douceur. Ses mains tremblaient de plus en plus. Ni les symétries de jauge ni les diverses invariances relativistes dont Maria lui avait parlé ne sauraient rendre compte du petit miracle intérieur dans lequel elle l'avait embarqué.

« Sans doute, répondit-il, mais la carte en question est certainement bien moins vaste que le territoire. Les deux ne sont pas identifiables l'un à l'autre, ni même superposables.

– Mais si vous avez choisi d'étudier les mathématiques, c'est bien parce que vous pensez qu'elles ont un sens, non ?

– Bien sûr qu'elles ont un sens, mais ce sens ne confère pas nécessairement une réalité aux objets qu'elles envisagent.

– Mais alors les mathématiques, pour vous, c'est quoi ?

– Je pense qu'elles ne sont rien d'autre que le réservoir de toutes les relations possibles entre concepts. Par exemple, si je dis que 41 est supérieur à 36, je renvoie aussi bien à l'idée que dans un ensemble de 41 pommes il y a plus de pommes que dans un ensemble de 36, qu'un cycliste qui roule à 41 km/h va plus vite qu'un autre qui roule à 36 km/h, qu'un immeuble de 41 mètres de hauteur est plus élevé qu'un immeuble de 36 mètres… Notre esprit est capable, à partir de ces différentes situations, d'extraire l'idée que 41 est supérieur à 36, qui n'est que la formalisation d'une relation. Ce réservoir de relations aide bien sûr à comprendre une certaine partie du monde, mais il n'est pas lui-même *dans* le monde. Pour tout dire, je ne crois pas qu'il y ait de parenté entre la nature et l'esprit. La nature est là, devant nous, immédiate… »

A ce moment précis, le bras droit du jeune homme eut un mouvement hésitant en direction du buste de la jeune fille. Paul reprit, embarrassé :

« La nature nous tend les bras, disais-je. L'esprit, lui, développe ses propres concepts, ses propres circuits, ses propres règles, mais dans un autre espace. Pourquoi ces deux mondes devraient-ils se rejoindre ?

– Comment expliquez-vous alors que les mathématiques soient apparues en physique ?

– Ce n'était que pour doter la physique d'un langage précis et non ambigu. Les mathématiques sont une sorte d'outil de la pensée, très efficace, j'en conviens, mais assez artificiel en définitive. »

Paul et Maria en étaient venus à échanger d'intenses regards. Des bribes d'éternité fulgurante commençaient de naître dans le court espace qui les séparait.

« Pourtant, insista Maria, comme je vous l'ai dit, au cours du XXe siècle, les mathématiques sont devenues bien davantage qu'un outil censé nous aider à décortiquer la matière. Elles prolongent aujourd'hui la physique au-delà de son champ d'expérience, enrichissent ses concepts, étendent le nombre de ses objets. Leur rôle ne se limite donc pas à celui d'une simple sténographie consistant à écrire de façon abrégée des relations qui pourraient être formulées dans le langage de tous les jours si l'on disposait de plus de place et de davantage de temps. Ce rôle-là, bien entendu, existe, mais croyez-moi, il est mineur. Aujourd'hui, les mathématiques interviennent surtout dans les processus de définition d'entités nouvelles. Les théoriciens ont forgé des concepts abstraits qui ont supplanté, dans les descriptions que la physique donne du monde, ceux qui étaient directement issus de l'expérience. »

Maria marqua un temps de silence, puis reprit avec un air presque solennel, comme si elle mettait à nu ses pensées les plus profondes :

« Ce mouvement qui nous éloigne de plus en plus du monde sensible est à mon avis un mouvement de plus en plus serré vers le monde réel. On pourrait dire que nous, les physiciens, nous forçons la matière à se révéler telle qu'elle est vraiment. Les apparences sensibles ne sont que l'écorce visible du réel. Nous les remplaçons donc par une représentation mathématique au bout de laquelle nous espérons découvrir le fond des choses.

– Maria, excusez-moi, mais il n'est pas du tout certain que les choses aient un fond. Vous n'avez pas remarqué que le fameux "fond des choses" dont vous parlez, c'est ce que l'on présuppose toujours mais que l'on n'atteint jamais, comme s'il se dérobait sans cesse dans le mouvement même où il se donne ? Peut-être n'est-ce d'ailleurs qu'une invention humaine. Qui nous garantit que les choses ont une profondeur cachée ? Qui nous dit que la matière a vraiment un cœur ? Cette idée qu'il y aurait un fond des choses n'est-elle pas l'alibi que nous nous donnons pour continuer les recherches ? Mais pour en revenir à votre question, à mon avis, si les mathématiques sont si efficaces en physique, c'est uniquement parce que la physique ne s'intéresse qu'aux régularités de la nature en oubliant tout le reste. Mais, l'habitude aidant, on finit par oublier qu'elles oublient tout le reste. Or des tas de phénomènes leur échappent complètement.

– Lesquels ?

– Par exemple, les sentiments, les émotions, bref tout ce qui a trait à l'humain, balbutia Paul en rougissant.

– Mais je ne prétends pas que les mathématiques épuisent la totalité du réel. Je dis simplement que les concepts mathématiques, du moins certains d'entre eux, ont une réalité propre. Or d'après vous, si je vous comprends bien, cet axe des *z* que vous avez dessiné tout à l'heure ne serait pas une vraie chose. Il ne serait qu'une fiction de la pensée, une sorte d'ange mathématique.

– Je crois en effet que les mathématiques ne parlent jamais d'objets proprement dits. Elles n'envisagent que des relations, rien de plus. Les concepts mathématiques sont des liens entre les choses, qui n'ont pas eux-mêmes de consistance propre. Ils sont désincarnés, intangibles, angéliques si vous préférez. »

Paul semblait avoir très chaud. Des gouttes de sueur perlaient sur son front. Il avait envie de serrer Maria contre lui, avec une force à se mélanger les poumons.

« Je ne peux pas être d'accord avec vous, répondit Maria. Je suis certaine que les objets mathématiques ont une existence bien réelle, même si celle-ci nous est cachée. Je crois même que, d'une certaine façon, leur réalité est supérieure à celle des objets ordinaires. Le visible n'est qu'un exemple du réel. Ne voyez pas là une lubie de physiciens. Des peintres, Paul Klee par exemple, ont dit des choses dans ce sens. Le monde visible est entièrement structuré par un monde invisible plus fondamental et qu'il faut essayer de… »

Paul ne l'écoutait plus vraiment. Moite comme une éponge, il se rapprocha d'elle, vraisemblablement pour l'embrasser (l'amour, avec ses lois éternelles, n'est pas toujours inventif). Mais il s'interrompit tout net au moment de passer devant le repère qu'il avait dessiné au tableau. Quelque chose comme une flèche bouillante de vie le piquait à hauteur du cœur. C'était l'axe des *z*. Vexé qu'un mathématicien ait pu lui refuser toute matérialité effective, il était sorti du tableau pour former une sorte de brochette évanescente mais rigide. Paul, foudroyé d'amour, vit Maria illuminée de soleil qui le caressait du regard et lui souriait des promesses.

Au même moment, dans tout le bâtiment, on entendit distinctement les rires d'un enfant ailé et fessu qui s'enfuyait.

Son carquois était vide.

Les Objets mathématiques existent-ils ?

Deux plus deux égale cinqpour les grandes valeurs de deux.
D. Kohner, *La Règle de trois n'aura pas lieu*

L'existence d'une relation particulière entre la physique et les mathématiques est universellement reconnue. On en trouve des témoignages explicites à travers toute l'histoire de la physique, à commencer par la célèbre assertion de Galilée :

« La philosophie est écrite dans ce livre immense perpétuellement ouvert devant nos yeux (je veux dire : l'Univers), mais on ne peut le comprendre si l'on n'apprend pas d'abord à connaître la langue et les caractères dans lesquels il est écrit. Il est écrit en langue mathématique, et ses caractères sont des triangles, des cercles et d'autres figures géométriques sans l'intermédiaire desquelles il est humainement impossible d'en comprendre un seul mot. »

N'importe quel chapitre de la physique semble servir d'exemple à ces affirmations. Comment en effet concevoir la mécanique classique sans calcul différentiel et intégral, l'électromagnétisme sans équations aux dérivées partielles, la relativité générale sans calcul tensoriel, la physique quantique sans espaces de Hilbert ? Toutefois, l'idée que les mathématiques sont le langage de la physique peut s'interpréter d'au moins deux façons : soit ce langage est pensé comme celui de la nature même, de sorte que l'étude de la nature aura pour préalable nécessaire l'assimilation de ce langage ; soit, à l'inverse, il est pensé comme le langage de l'homme, et c'est dans ce langage-là que devront être traduits les faits de la nature pour devenir compréhensibles. Choisir entre ces deux explications, c'est presque décider de la réalité des objets mathématiques.

Quoi qu'il en soit, on est immanquablement conduit à s'interroger sur les causes de l'efficacité des mathématiques en physique. Comment se fait-il que les mathématiques, réputées abstraites, « marchent » aussi bien en physique, laquelle est considérée comme la science du concret par excellence ? Cette question amène à se demander quels peuvent être les rapports entre la mathématique « bonne à tout faire » (mais aussi reine des sciences) et la physique, cuisinière malpropre et performante. Les objets mathématiques existent-ils indépendamment du cerveau de l'homme qui les découvre ou ne sont-ils que des produits de la pensée ? Ont-ils une réalité physique authentique ou ne correspondent-ils qu'à des constructions formelles ? Doit-on voir dans la mathématique la description correcte des liens existant entre des choses conceptuellement premières par rapport à elle, ou faut-il y contempler l'essence même des choses ? Ces interrogations sont sans doute aussi vieilles que les mathématiques elles-mêmes. Elles firent l'objet d'un article célèbre écrit dans les années soixante par le physicien Eugène Wigner, intitulé « La déraisonnable efficacité des mathématiques dans les sciences de la nature ». Wigner y expliquait que cette efficacité ne peut être qualifiée qu'en termes de « miracles » ou de « don magnifique » situés au-delà des limites de notre compréhension des phénomènes.

Une première réponse à la question du rôle des mathématiques avait été proposée par les pythagoriciens, pour qui l'essence du monde était le nombre même. Si on la transcrit en langage moderne, cette conception revient à admettre que la structure profonde du monde est de nature mathématique, ce qui expliquerait pourquoi les mathématiques sont si utiles et si efficaces dans le domaine des sciences de la nature. Dès lors, faire des mathématiques consisterait à emprunter le langage même du monde matériel. La physique ne serait donc mathématique que parce que le monde lui-même le serait. Cette thèse n'est pas pleinement convaincante, car on sait bien que le monde mathématique ne correspond pas exactement au monde physique, en tout cas pas de façon directe. Un même formalisme mathématique peut décrire un grand nombre de systèmes physiques tout à fait différents les uns des autres. Par exemple, une certaine équation différentielle, dite de Poisson, gouverne aussi bien l'électrostatique que la théorie statique de la gravitation, la diffusion de la chaleur, l'équilibre d'une membrane élastique déformée, l'écoulement laminaire d'un fluide à deux dimensions. La réalité physique distingue donc des systèmes que les mathématiques envisagent d'une façon unitaire. De plus, les équations de la physique engendrent, à côté des solutions correspondant aux phénomènes, des solutions qui n'ont pas de signification physique directe. Par exemple, certaines des solutions des équations de l'électromagnétisme sont rejetées au motif qu'elles ne respectent pas le principe de causalité, qui oblige toute cause à être antérieure à ses effets. Un doute très sérieux plane donc sur l'isomorphisme entre le langage mathématique et la nature.

De son côté l'explication platonicienne de la réussite des mathématiques consiste à admettre que les mathématiques constituent un langage intermédiaire qui permet de passer du monde sensible au monde des Idées, qui forme la réalité profonde des choses. Les mathématiques sont efficaces, dira un platonicien, parce qu'elles permettent de viser les structures profondes du monde. Selon cette conception, les constructions mathématiques ne sont pas entièrement le fruit de choix arbitraires faits par le mathématicien. Elles dérivent d'une sorte de nécessité interne aux mathématiques, un peu comme si les concepts étaient déjà là, comme s'ils étaient toujours à découvrir et jamais à inventer. Mais cette thèse oblige à poser deux questions. La première concerne le statut de ce monde des Idées, qui reste énigmatique : il se pourrait que la nécessité interne aux mathématiques soit liée à la structure même de notre cerveau et non à celle du monde des Idées. La deuxième question consiste à se demander comment le monde des Idées entre en contact avec le monde des phénomènes. Identifier ces deux mondes reviendrait à retomber dans le pythagorisme. Si, en revanche, nous les séparons, nous devons expliquer comment nous pouvons passer de l'un à l'autre. Faut-il supposer, comme Descartes le fit, que le cerveau fait office d'organe de contact entre deux mondes, l'un matériel et l'autre non ?

Aristote, lui, place la source des mathématiques dans cette capacité que possède l'esprit humain à extraire des formes du sensible et à les analyser sous l'angle de la quantité. Pour lui, les mathématiques ont une origine empirique. Elles sont efficaces parce qu'en les utilisant nous ne faisons que nous servir des structures livrées par le monde physique lui-même. Cette thèse n'est pas entièrement défendable. Il est vrai qu'un grand nombre de concepts élémentaires des mathématiques nous ont été suggérés par le monde empirique. En revanche, il est évident que la grande majorité des théories mathématiques contemporaines ont été développées sans le moindre recours à des impulsions empiriques. On constate donc une certaine autonomie de la production des concepts mathématiques par rapport à l'expérience. La conception aristotélicienne a toutefois ceci de positif qu'elle souligne la capacité des mathématiques à décrire les régularités des phénomènes.

Une dernière explication de l'efficacité des mathématiques s'appuie sur des considérations kantiennes. Selon Kant, tout phénomène se présente à nous dans l'espace et dans le temps selon une structure immédiatement homogène aux mathématiques, ce qui résout le problème de l'efficacité de ces dernières. Les mathématiques ne sont pas rapportées à un monde d'idées séparées, comme dans le platonisme, ou à des structures empiriques, comme dans l'aristotélisme, mais bien plutôt à une activité du sujet mathématicien. Elles ne sont donc plus « désincarnées ». Cette thèse présente elle aussi certaines faiblesses. Tout d'abord, elle rive les mathématiques à une structure innée et rigide inhérente au sujet. Or les mathématiques se nourrissent aussi de processus de création contingents et libres qui apportent des concepts réellement nouveaux, dont l'origine n'est ni le monde extérieur ni l'entendement pur, mais plutôt la nécessité interne des formalismes eux-mêmes. Ensuite, les formes spatio-temporelles de Kant sont envisagées comme des structures rigides. Or les phénomènes microphysiques ou cosmologiques nécessitent une description à l'aide d'espaces ou de variétés qui n'ont que peu de liens avec l'espace et le temps ordinaires, ce qui semble démentir le fixisme de la perspective kantienne.

Comme on voit, l'affaire n'est pas simple. Mais, comme dirait Spinoza, en voilà peut-être assez sur le sujet.

4

NOUVELLE :

L'Anagramme du fond des mers

ESSAI :

L'unité de la physique

L'Anagramme du fond des mers

Je suis en eau : prenons un peu d'haleine.
Molière, *L'École des femmes*, II, 2

La chaleur était écrasante et humide, ce qui n'empêchait pas Saul de marcher d'un pas rapide dans les ruelles de son petit village d'Asie Mineure, à quelques encablures de Milet. Son corps transpirait avec abondance, comme une éponge pressée. Le pauvre Saul n'était plus étanche. Il finit par arriver, en nage et un peu en retard, chez son vieil ami Boïdas. Six mois sans s'être vus, ils se jetèrent dans les bras l'un de l'autre. Saul but goulûment le vin frais accompagné d'olives que Calypso, la compagne de Boïdas, avait apporté sans dire un mot. Il raconta son long voyage à Athènes. Conformément à ses intentions, il avait rencontré Socrate. Ils avaient longuement discuté ensemble de la nature du Un. A son grand dam, Saul n'avait pu convaincre le philosophe athénien, qui avait tourné en ridicule la thèse de Thalès de Milet selon laquelle « tout a commencé dans l'eau ».

« Socrate est moins laid qu'on le prétend mais il n'a pas été très aimable avec moi, dit Saul d'une voix déçue. Je n'ai pas beaucoup aimé son ton sarcastique. Cet homme-là ne se prend pas pour son logarithme.

– Comment cela ? s'inquiéta Boïdas.

– Il a une très haute opinion de lui-même. Il s'est beaucoup moqué de ma naïveté et croit qu'il pense mieux que tout le monde. Il a ironisé sur tous ceux qui, tels Thalès, Héraclite, Anaximandre, Anaximène, ont disserté sur la nature de l'Univers. "Ces messieurs ont affirmé doctement, m'a-t-il dit, que le semblable attire le semblable ou, à l'inverse, que les contraires s'attirent, ou que la Terre est plate, ou ronde, qu'elle est, ou non, au centre du monde. L'un, posant un tourbillon autour de la Terre, donne au ciel pour fonction de la maintenir immobile ; l'autre place l'air en dessous comme un support pour un vaste coffre. Tous ces petits savants prétendent savoir alors qu'ils tâtonnent comme dans le noir." Il dit aussi qu'il vaut mieux pratiquer la philosophie au ras de l'activité quotidienne.

– Il n'a peut-être pas tort. Son scepticisme est plutôt sain, non ? Tu vois bien que ce qui nous entoure n'est pas fait d'une seule et unique chose. La diversité et le multiple sont bien là. Peut-être même n'y a-t-il rien d'autre qu'eux ?

– Tu connais mon point de vue là-dessus. Mais quoi qu'il en soit, le jugement de Socrate est sans appel. Pour lui, toutes les conjectures sur l'unité du monde sont vaines car nous sommes bien loin de connaître ce qu'il appelle la "raison de chaque chose".

– Le fait d'invoquer l'unité ne garantit en effet rien *a priori*. La manie du trait d'union peut faire des ravages. De plus, il se pourrait que l'idée du Un soit dans nos têtes et nulle part ailleurs. Il se pourrait aussi que nous ne puissions rien en dire. A mon avis, lorsque le nombre d'objets dont on veut parler tend vers un, le discours tend vers zéro.

– Très drôle. N'empêche que le Un est à la base de l'intelligibilité du monde. Même s'il ne concerne aucune réalité particulière, il éclaire notre rapport au cosmos.

– Socrate t'a-t-il "retourné" comme on dit qu'il sait si bien faire ? A-t-il changé tes convictions en décelant les contradictions de ton discours ? demanda Boïdas.

– Non, il n'a pas changé mes convictions, que mon voyage a d'ailleurs raffermies, au moins autant que la marche a endurci mes muscles. Tout près d'Athènes, j'ai assisté à un tremblement de terre, qui ressemblait à une gigantesque ébullition. Ce fut un spectacle fascinant, terrible, qui m'a convaincu que les explications de Thalès à ce sujet restent les plus plausibles : la terre est soutenue par de l'eau et les tremblements de terre se produisent lorsque la terre est ébranlée par l'agitation des eaux sur lesquelles elle flotte. Tout cela me semble très cohérent et conforme à ce que j'ai observé.

– Tu crois vraiment que l'eau seule peut être à l'origine de toute chose ? Je te vois transpirer abondamment, certes, mais regarde donc comme tout est sec par ici. On ne peut pas dire que nous croupissions dans l'humide. »

Saul fut troublé par cette remarque perspicace. Plantant son regard dans les lacets de ses sandales, il ne tarda pas à se reprendre.

« Boïdas, la sécheresse est... comment dirais-je... elle est la discrétion de l'eau, pas son absence. Pendant mon périple, j'ai vu beaucoup de choses – des geysers par exemple – que je n'avais jamais vues auparavant. Toutes m'ont convaincu que l'eau est bien le principe essentiel, même s'il est parfois caché. C'est elle qui fait pousser les végétaux, désaltère l'homme et abrite les poissons dont il se nourrit. C'est elle encore qui, tombant du ciel ou se cachant dans la terre au fond des puits, irrigue les champs et fait tout croître. L'eau est à l'évidence la sève du monde et le principe qui le fait être et devenir.

– Mais Saul, il est des tas d'endroits où l'on ne voit pas la moindre goutte d'eau, ni aucune autre sorte de liquide.

– Tu as raison, mais ce n'est pas parce qu'on ne la voit pas qu'elle a entièrement disparu. N'oublie pas que de toutes les substances visibles, l'eau est celle qui prend les formes les plus variées :

glace, neige, vapeur, nuage, liquide, sans compter les roches qui sont probablement formées d'eau gelée. Dans les deltas des rivières, elle se transforme en terre. Ailleurs, elle semble en jaillir. L'eau coule, circule, imbibe, se transforme, s'infiltre, fertilise les sols, porte les navires. Elle est le lien liquide qui unit le tout à lui-même. Imagine le monde sans l'eau qu'il contient. Il ne serait plus qu'un agrégat de choses étrangères les unes aux autres. De plus, l'eau est une condition essentielle de la vie. Je suis sûr qu'un jour des gens ne cesseront de clamer que l'eau est synonyme de vitalité, et on les écoutera, crois-moi, surtout sur les ondes.

– Si je te suis bien, l'eau dont tu me parles n'est pas exactement la même que celle qui coule dans la rivière.

– Tu as raison, on devrait d'ailleurs l'écrire avec un E majuscule, car elle est à la fois l'élément et le principe. L'eau qui coule dans la rivière ne ressortit pas exactement au même principe de réalité. L'Eau est invisible alors que l'eau est visible, on peut la toucher et même l'entendre couler. Par ailleurs, l'Eau est un principe ultime, donc unique, alors que l'eau qui coule sur terre se présente sous plusieurs formes à plusieurs endroits différents.

– Tu chipotes un peu trop sur les concepts, Saul. Moi, je te parle des choses, pas de leur représentation par des mots ou des idées. Or autour de nous, il y a aussi l'air et le feu. De toi à moi, crois-tu vraiment qu'ils puissent venir de l'eau ou de l'Eau, comme tu voudras ?

– A cette question mon maître Thalès, dont les idées étaient simples et fécondes, avait clairement répondu : l'air et le feu sont de simples exhalaisons de l'eau. Qu'y trouves-tu à redire ?

– Mais Saul, vois le siège sur lequel tu es assis. Il ne s'écoule pas comme une rivière ! Et les olives que tu manges, elles ne sont pas sorties tout droit d'une fontaine !

– Mais Thalès n'a jamais dit que tout était fait d'eau. Il a simplement expliqué que l'eau est venue en premier, qu'elle est à l'origine du monde, que tout découle d'elle. Bref, que "tout commença dans l'eau", comme il disait.

– Tout commença dans l'eau, dis-tu. Comme c'est étrange! Cette phrase me semble magique.

– Ah bon?

– Oui, j'ai la vague intuition qu'elle dit davantage qu'elle-même.

– Mais elle n'est pas magique, répondit Saul. Elle est simplement vraie.

– Non, précisément, je ne pense pas qu'elle soit entièrement vraie. Moi, vois-tu, je suis plutôt sensible à certains arguments qu'avançait Anaximène: l'air que nous respirons participe certainement, lui aussi, au principe de l'Univers. Il est le souffle primordial qui enveloppe le monde tout entier, anime ses formes et coordonne ses diverses parties. Tu dis que la terre flotte sur l'eau. Anaximène prétend lui qu'elle est portée, telle une feuille d'automne, par les courants de l'atmosphère invisible. Tu disais à l'instant que c'est l'eau qui porte les navires. Tu as évidemment raison, mais tu sais comme moi que c'est le vent qui gonfle leurs voiles. Et que ce même vent, en se condensant, fait les nuages qui, se condensant à leur tour, apportent la pluie qui t'est si chère.

– Et que fais-tu du feu?

– En se raréfiant, l'air devient feu. Comme tu vois, le compte y est.

– Tu oublies la neige, insista Saul.

– Elle est un souffle d'air emprisonné dans l'humide, répondit Boïdas, jamais à court d'arguments et plutôt fier de sa répartie.

– Mais pour qu'il y ait de l'humide, comme tu dis, il faut bien qu'il y ait de l'eau. Ta thèse n'est finalement pas très éloignée de la mienne. Nous sommes dialectiquement proches l'un de l'autre, mon cher.

– C'est possible, Saul, mais une chose distingue radicalement Anaximène de Thalès. Lui ne s'est jamais laissé engourdir par des théories invérifiables et bavardes, contrairement à ton maître Thalès. Anaximène a donné des indications très précises sur la manière dont les choses sont nées à partir d'un principe unique. Il ne s'est référé qu'à des processus que l'on peut voir à l'œuvre dans les phénomènes naturels. Il n'a rien inventé qu'il n'a observé. Anaximène a beau mettre l'air au-dessus de toute autre chose, ce qu'il dit n'est pas du vent.

– Ne jouons pas sur les mots, si tu le veux bien. Je t'accorde que Thalès s'est montré moins rigoureux qu'Anaximène dans ses spéculations. Il a eu davantage d'audace, de sorte que ses thèses contiennent une part d'ombre. J'admets qu'il n'est pas facile de démontrer que "tout commença dans l'eau". Mais qui te dit que la vérité peut jaillir de la seule observation des choses. Il faut peut-être bonimenter un peu pour y voir clair. Le vrai *logos* est peut-être à l'horizon de nos nombreuses et vagues logorrhées.

– Tout commença dans l'eau, tout commença dans l'eau… Décidément, cette phrase m'intrigue. Permets que je l'écrive. »

Boïdas se pencha pour écrire la phrase de Thalès. Puis, le regard en feu (pardon, en air raréfié ou en eau exhalée, c'est selon), il se mit à la réécrire dans tous les sens, en changeant l'ordre des lettres. Tout excité, il se tourna finalement vers Saul.

« C'est incroyable, fit-il. Connais-tu un type qui s'appelle Cousteau ?

– Non, répondit Saul. Pourquoi me demandes-tu cela ?

– Parce que "tout commença dans l'eau" est l'anagramme de "le commandant Cousteau". Les deux phrases sont exactement composées des mêmes lettres, mises dans un ordre différent. C'est comme *rien* et *nier*, *parisien* et *aspirine*, ou bien *renifleur* et *ruiner Elf*. Vérifie par toi-même, tu verras.

– Ma foi, c'est bien vrai.

– Cette anagramme, c'est la cerise sur le gâteau de ta thèse !

– Mais Saul, tu as triché. Ce n'est pas une véritable anagramme puisque Cousteau est un mot qui n'existe pas.

– Tu as raison, mais si j'étais à ta place, je me prendrais à souhaiter qu'un jour un gars porte ce nom et devienne marin. On pourrait au moins dire que ça, le père Thalès l'avait vaguement prévu. »

L'Unité de la physique

On en arrive parfois à penser que tout ce que nous vivons n'est que fragments détachés et détruits d'un Tout ancien que l'on aurait mal restauré.
Robert Musil

Notre désir d'intelligibilité ne peut sans doute pas se passer de l'idée du Un. Il ne suffit évidemment pas d'inscrire pareille tendance dans la nature humaine pour en valider les réalisations. L'unité proclamée peut bien s'avérer fausse, procéder de l'incantation, du simple décret ou du pur fantasme, et exercer une fascination toute dogmatique. Reste que si la pensée parvenait à découvrir, dans les miroirs changeants des phénomènes, des relations éternelles qui les puissent résumer en un principe unique, on pourrait certainement parler d'un bonheur de l'esprit. A défaut d'être une trame nécessaire de la pensée, l'unité correspond au moins à une nostalgie, à un appétit d'absolu, à une impatience ontologique. Cette nostalgie polymorphe est ce que l'on pourrait appeler un « fait ». Elle se heurte à un autre fait, qui lui est antagoniste : l'irréductible dispersion des choses, leur infinie pluralité. L'idée d'unité semble s'opposer à la réalité même. Comme écrit Albert Camus : « Ces deux certitudes, mon appétit d'absolu et d'unité et l'irréductibilité de ce monde à un principe rationnel et raisonnable, je sais encore que je ne puis les concilier. » La quête de l'unité naît de ce divorce entre l'esprit qui désire et le monde qui déçoit.

On peut défendre l'idée qu'il y a « métaphysique » dès que l'esprit en quête d'unité totale se décide à combler les lacunes qu'offre le tableau « scientifique » de l'Univers grâce à un liant de son propre fonds, un principe qu'il estime véritablement premier. La métaphysique serait donc la forme la plus pure de ce goût pour l'unité qu'exprime essentiellement la pensée philosophique, le moment décisif où l'esprit se résout à rechercher hors du monde l'explication unifiante du monde.

Les figures antiques de l'Un

On répète souvent, depuis Hegel, que la philosophie est née en Grèce au motif que, en faisant émerger le principe de la liberté, les Grecs ont été les premiers à pouvoir saisir l'objet dans son rapport avec le sujet. La pensée grecque est toutefois loin de former un ensemble homogène, même sous le signe équivoque de l'aurore. Mais dès le commencement de la philosophie s'impose chez certains penseurs présocratiques un article de foi métaphysique, l'affirmation que tout « est un ». Ces créateurs de l'hénologie (la science de l'Un) ont avancé que, dès lors que nos sens nous renvoient un monde constitué d'une variété innombrable de choses et de phénomènes, nous devons nécessairement invoquer, pour comprendre ce monde, une forme d'unité sous-jacente. Les éléments naturels ne doivent pas être saisis comme des pièces isolées et détachées du reste, mais s'intégrer dans un vaste ensemble explicatif qui leur donne un sens en même temps qu'une fonction. De là est venue la conviction qu'il existe, au fond du réel, un principe fondamental ou une substance primordiale d'où découlerait la variété des choses. De Thalès à Anaximène en passant par Héraclite ou Anaximandre, diverses doctrines se sont répondues, promouvant tel ou tel élément premier, dont la nature n'était pas nécessairement inerte ou matérielle. La multiplicité même de ces tentatives d'unification indique toutefois les limites de leur efficacité et relativise leur portée. L'unité présocratique était forcée, décrétée, clamée plutôt que découverte. On commença dès lors à entrevoir que la seule affirmation de la prééminence de l'Un sur le multiple, du principe en soi sur la multiplicité des apparences sensibles, n'allait pas sans poser de graves problèmes : si tous les êtres ne sont qu'un, si seul existe un principe unique, d'où vient qu'il y ait du multiple ? Pourquoi le multiple ne se résorbe-t-il pas en cette unité ? Et si ce bariolage sans fin n'est qu'apparence, d'où vient qu'il y a apparence de rien ?

Les Grecs considéraient la nature comme une puissance de vie qui engendrait et affrontait des êtres, qui bougeait et se modifiait sans cesse, explosait en myriades de formes. Ils se sont donc surtout préoccupés d'observer et de comprendre le phénomène de croissance, partout manifeste : chez les végétaux et les animaux, bien sûr, mais aussi chez les minéraux, alors tenus pour des fruits souterrains ayant mûri dans les entrailles de la terre et venant se répandre à sa surface par le biais d'éruptions continues et tranquilles. Les Grecs cherchaient simplement l'élément premier de cette croissance naturelle, la semence féconde servant de principe nutritif à la vie et au cosmos tout entier. Comment le monde qui est autour de nous a-t-il été créé, et comment son existence se poursuit-elle ?

Thalès de Milet (624-548 avant J.-C.) avait voyagé en Égypte, où il avait mesuré la hauteur des pyramides au moyen de leur ombre et déduit, grâce à ses observations sur le Nil, que tout provenait de l'eau. C'est du moins elle, pensa-t-il, qui est venue en premier.

A peu près à la même époque, Anaximène proposa une cosmogonie différente, fondée cette fois sur l'idée que l'air est le principe de l'Univers. Quant à Héraclite d'Éphèse (550-480 avant J.-C.), il voyait dans le feu l'élément à partir duquel expliquer les phénomènes de l'Univers : « Toutes choses sont échangées contre le feu et le feu contre toutes c.hoes ». Héraclite découvrit également que la question de l'unité amenait toujours à celle de la complétude. Comment réduire la variété des phénomènes à des flammes ? Pour résoudre cette difficulté, il inventa une parade : une « lutte des contraires » sous-tendrait la nature. Cette interaction reliant les opposés constituerait l'unité véritable du monde, à la fois un et multiple. La nature, expliquait Héraclite, parvient à organiser les contraires en harmonie, tout comme la musique qui naît de la lyre a pour condition la lutte des tensions entre les cordes et le bois.

Empédocle d'Agrigente (490-435 avant J.-C.) apporta un semblant de réconciliation entre ces différentes écoles avant que de se jeter, dit-on, dans le cratère de l'Etna pour confirmer sa réputation d'être un dieu. Il déclara en effet que la totalité du monde terrestre s'expliquait par l'existence de quatre éléments d'importance équivalente – l'eau, l'air, le feu et la terre (proposée comme élément premier par Xénophane) – et de deux principes qui les unissent ou les désunissent, l'amour et la haine. On conçoit que cette relative multiplicité des formes primordiales, qui sera développée et défendue par Aristote, offrait une plus grande liberté de manœuvre par toutes les combinaisons qu'elle rendait possibles.

Anaximandre (610-546 avant J.-C.), pourtant élève de Thalès, nia quant à lui que la substance primordiale fût l'eau ou toute autre substance connue. Comment admettre que le feu puisse provenir de l'eau, alors que l'expérience courante montre l'incompatibilité de ces deux éléments ? Aucun des éléments n'étant à privilégier, il est impossible d'assigner à l'un plutôt qu'à l'autre le rôle de substrat. Il est fort possible qu'Anaximandre se soit rendu compte du fait que la conception de Thalès et celles qui lui ressemblaient étaient en butte à une difficulté évidente : si l'eau soutient la terre, qu'est-ce donc qui soutient l'eau ? Afin de contourner cette difficulté, Anaximandre enseigna que la substance primordiale était d'un autre ordre. Pour embrasser la totalité du monde, elle ne peut être qu'infinie, éternelle, sans âge. Seule une chose beaucoup plus indifférenciée et plus enveloppante que tout le reste peut garantir l'équilibre et l'harmonie universels. Cette substance primordiale est une abstraction, dont l'essence est au-delà de toute substance observable et dont l'existence porte en elle-même la possibilité de toutes les autres. Anaximandre choisit pour elle le nom *apeiron*, qui signifie le « non-fini », l'« illimité ».

Ces premiers penseurs de l'unité ont exprimé, chacun à sa manière, trois idées qui s'avéreront fondamentales. D'abord, ils posent la question de la cause matérielle de toute chose. Ensuite, ils exigent que cette question soit résolue sans recours aux mythes, aux fables ou aux dieux. Enfin, ils postulent qu'il doit être finalement possible de réduire toute chose à une entité fondamentale de nature plus profonde que les autres.

L'aube unificatrice de la physique mathématisée

La physique moderne s'est fondée avec Newton sur une conjonction de synthèses et d'unifications autour d'un modèle mécaniste et mathématique rassemblant physique de la matière, physique céleste, astronomie, cinématique, dynamique et géométrie. De nombreux penseurs avaient préparé le terrain, notamment Johannes Kepler, qui incarne sans doute le mieux la transition entre l'exploration mystique de l'harmonie du monde, d'une part, et l'approche scientifique et mathématique, d'autre part. Il entreprit en effet d'unifier la représentation du monde héritée de l'Antiquité en tentant de faire appel au concept d'une force physique universelle et en se référant constamment à un principe unitaire incarné sous la forme d'harmonies mathématiques. S'il échoua en définitive dans son projet d'apporter l'explication mécanique du mouvement des planètes, tel qu'il apparaît à l'observation, il parvint néanmoins à jeter un pont entre l'ancienne conception du monde – celle du cosmos immuable – et la nouvelle – celle d'un théâtre voué au jeu de lois mathématiques. Ce faisant, il parvint à réunir les indications dont Newton se servit ensuite pour asseoir la conception moderne du mouvement des planètes, pour inventer la première loi universelle de la physique et pour fonder la mécanique. Dès après la naissance de cette mécanique newtonienne, la physique tout entière fut promise à une unité de droit sous le signe de la théorisation mathématique.

La démarche unitaire est donc bien au cœur de la physique. Depuis le XVIIe siècle, ceux que l'histoire a retenus comme de « grands » physiciens ont tous été à l'origine d'unifications qui ont changé le visage, la puissance et la trame de la physique. Ce fut Galilée réconciliant les mondes sublunaire et supralunaire après que sa lunette lui eut dévoilé les montagnes et les vallées de la Lune. Ce fut Newton décrivant à l'aide d'une théorie unique les mouvements terrestres et célestes. Ce fut Maxwell unifiant l'électricité et le magnétisme. Ce fut Fraunhofer démontrant que les lois physiques découvertes sur terre valent aussi pour les objets stellaires. Ce fut Louis de Broglie jetant un pont synthétique entre l'onde et le corpuscule, sur lequel viendra s'appuyer la physique quantique. Ce fut Albert Einstein, qui permit d'entremêler l'espace et le temps, jusqu'alors séparés, dans le concept unique d'espace-temps, puis qui consacra une énergie farouche à la recherche d'une théorie unitaire qui embrasserait à la fois l'Univers pris comme un tout et les lois de ses constituants élémentaires. Enfin, au cours des années 1970, deux types d'interactions, l'électromagnétisme et l'interaction nucléaire faible, pourtant très dissemblables à certains égards, purent être formellement réunis au sein d'une seule et même théorie, qui constitue le « modèle standard » de la physique des particules contemporaine, et qui, ces dernières années, a remporté de spectaculaires succès expérimentaux.

Une dialectique de l'unité

Il semble en définitive que pour extraire une vision unitaire de la pluralité des phénomènes, nous en soyons réduits, comme les pêcheurs sur les fleuves gelés, à faire des trous dans la glace. Nous ne la saisissons que par bribes, ce qui nous invite à beaucoup de modestie. Il n'en reste pas moins que cette modestie ne doit pas être fausse : la puissance de plus en plus affirmée des théories physiques modernes, leur caractère englobant comme leur visée unitaire, la compacité de plus en plus grande du langage mathématique, permettent désormais d'exprimer de manière précise des résultats d'une ampleur inédite. Ceux-ci amènent à reposer des questions fondamentales, y compris métaphysiques.

Les progrès de la physique s'interprètent presque tous comme des unifications réussies mais partielles entre diverses tendances, comme des rapprochements entre disciplines ou thèses distinctes. Même si quelques échecs jalonnent ce parcours, la physique semble bien se constituer par une dynamique unificatrice. L'unité y vient toujours de la découverte de conjectures et d'idées qui, soudain, autorisent à penser la multiplicité antérieure d'une façon homogène. Mais cette démarche n'aboutit jamais complètement. Plus exactement, sa conclusion est toujours déchirée, soit que cette démarche vers l'unité ne peut être menée jusqu'au bout, soit qu'elle réussit partiellement, mais que l'irruption de nouveaux résultats vient imposer de nouvelles coordinations. Le champ de la physique s'élargit sans cesse, obligeant son paysage à se reconfigurer. A peine deux branches sont-elles unifiées qu'il en pousse une troisième et, lorsque celle-ci sera adjointe aux deux premières, de nouvelles viendront encore. Ce processus aboutit à des unités parcellaires qui alimentent de nouvelles tentatives d'unification. Sa dynamique active met donc en acte la dialectique de l'un et du multiple, dialectique qui ne neutralise pas nécessairement les deux termes opposés. Paradoxalement, l'unification ne mène pas à l'unité. Elle traite du divers, non de l'Un, sans qu'il faille voir là une incohérence. Il s'agit plutôt d'une nécessité, qu'avait notée Ernst Cassirer : « Les concepts d'unité et de multiplicité ne sont pas des entités opposées mais des aspects logiques s'exigeant réciproquement. »

Ayant remporté de remarquables succès, la physique contemporaine est exposée aux risques qui accompagnent souvent les victoires : prompte à annoncer son prochain achèvement, elle s'inspire d'une pensée satisfaite : celle, toujours bénéfique, qui l'invite à d'audacieuses hypothèses ; ou bien celle, plutôt perverse, qui la conforte dans l'arrogante certitude de bientôt toucher sa propre fin. Elle ne demeurera vivace que si elle renonce à nourrir le fantasme d'une réconciliation parfaite avec la réalité, étayé sur la religion d'une unité prétendument retrouvée. Loin d'être un résultat définitif, l'unification de la physique est un processus qui n'a jamais fini de se déployer et dont la convergence n'est pas garantie. Il faut certes qu'il y ait de l'Un pour que la physique soit possible, mais cet Un demeure un horizon vers lequel on est toujours en marche. L'unification met en place un tissu qui n'est jamais complètement tissé, donnant seulement accès à des unités partielles. Mais ces étapes provisoires sont la pâte même de la science, son combustible principal. L'idéal d'unification est peut-être une fantasmagorie, mais c'est une fantasmagorie qui, à défaut d'être systématiquement payante, a montré une incontestable efficacité.

5

NOUVELLE :

Fin de partie

ESSAI :

Le culte du point final

Fin de partie

Il faut dans le grand tout tôt ou tard s'absorber.
Victor Hugo, *Les Quatre Vents de l'esprit*

Très gros et très grand, Paul Lepoint n'avait pas vraiment l'air sorti des mains d'un grand sculpteur. Le corps tout boursouflé, son volume propre semblait s'être entouré d'un halo empiétant abusivement sur une part de l'espace environnant, comme une montgolfière surtendue. A l'image de l'Univers, Paul Lepoint avait enflé au fil des années, sans que la bière belge et les plats en sauce suffisent à l'expliquer. Seul son visage était épargné par ce curieux phénomène d'enrobement. Inscrit dans un long ovale bien proportionné, c'était un beau visage, bien habillé de chair, d'années, de pensées, de calculs, avec des yeux qui lançaient des saccades d'intelligence pure subtilement teintées de vert et de marron.

Paul était un éminent théoricien de la physique. Négligé dans sa tenue mais concentré dans son regard, il correspondait à merveille au cliché qui veut que ces gens-là soient des êtres rêveurs, contemplatifs, en marge. Ils s'entretiennent avec les planètes mais ne s'intéressent pas aux potins. Ils devinent dans le ciel un monde d'objets que le regard ne voit pas mais ne reconnaissent même pas leur voisine traversant le palier. Ils se passionnent pour de furtives particules mais ne s'attardent guère en compagnie de leurs semblables. Ils font des calculs incompréhensibles pour le commun des mortels mais ne savent rien de l'épineux dossier de la Sécu ou de la réduction du temps de travail. Ils fourbissent d'élégantes théories mais vivent eux-mêmes dans un joyeux fourbi (comme en témoigne l'anarchie qui règne dans leur bureau). Bref, les physiciens théoriciens seraient des êtres improbables ayant volontiers « la tête ailleurs », comme on dit sans voir que cette expression évoque rien de moins que la décapitation.

On peut très bien être invivable en même temps que terriblement vivant. Mieux : la plupart des vivants vraiment intéressants sont invivables. Veut-on des exemples ? Dante était infernal ; Dirac, l'inventeur de l'antimatière, était fort négatif, Einstein relativement pénible, Proust ombrageux à ses heures perdues. Quant à Verlaine, c'était un pochard assommant. En dépit de son allure bonhomme et de ses airs de cadre supérieur de chez Méphistophélès, Paul soutenait largement la comparaison avec ces illustres invivables. Presque constamment absorbé, il pouvait garder pendant de longues heures une attitude prostrée, contemplative, qu'il ne fallait surtout pas chercher à interrompre sous peine de cataclysme. Elle était le signe d'une intense réflexion sur le monde en général et sur la nature des choses en particulier, au cours de laquelle il mettait patiemment en scène les concepts. Il était en somme dans la nature de Paul d'être profondément préoccupé comme il est dans celle de la mer d'être salée.

Il y a trente ans, la thèse de Paul sur les géométries non commutatives – une affaire bigrement compliquée, on se passera des détails – avait bouleversé l'idée que l'on se fait des liens possibles entre l'espace et le temps, les particules et les forces. A peine soutenue dans le grand amphithéâtre de la Sorbonne devant un jury prestigieux, elle l'avait placé aux yeux des spécialistes dans le commando d'avant-garde de la recherche pure qui, à perte de vue des profanes, s'enfonce dans les terres inconnues de l'esprit. Bref, un génie aux avant-postes de l'obscur. Depuis, Paul n'avait cessé de réfléchir, de blanchir d'équations cabalistiques d'imposants tableaux noirs, de petits cahiers et même des tickets de pressing, de chercher de nouvelles idées. Son monologue intérieur ne s'interrompait pratiquement jamais, en une juste économie de patience et de passion. Paul était presque devenu une légende vivante, on vit même sa photographie dans *Paris Match* entre un divorce et une naissance. Impossible de l'approcher. Sa prestance orgueilleuse faisait rempart. Personne ne pouvait suivre le galop de ses pensées. On avait toujours l'impression de le déranger, comme s'il se confondait physiquement avec ses propres recherches. Son élocution était chiche de bla-bla – il détestait les paraphrases et les clichés de dépannage des physiciens vulgarisateurs – mais parfois, quand il était bien disposé, il laissait entendre qu'il visait « d'embrasser la totalité du réel », qu'il voulait « décrire par une seule équation l'intégralité du monde », qu'il pensait pouvoir « rabaisser l'Univers et tout ce qu'il contient au rang de composition de calcul, en faire un petit *pensum* pour mathématiciens ». En bref, il rêvait d'encapsuler le monde dans sa grosse cervelle, de faire entendre le poème admirable, sans rimes, sans musique, sans mots qui sans cesse scande l'Univers. On comprend que le bonhomme autant que son projet aient intimidé ceux qu'une simple règle de trois effraie.

Le 18 février 1994, à 15 heures précises, alors que le ciel était bleu comme dans un album de Tintin, Paul posa son stylo sur son cahier et, submergé par un spasme de réplétion esthétique, s'exclama : « J'ai résolu le secret de l'Univers. » Après des années de corrections, de doutes, d'insomnies, de brouillards en tout genre, de vérifications, de recoupements, il avait maintenant la conviction que l'équation qu'il avait mise sur pied était la bonne, celle de l'Univers lui-même, qu'il n'avait rien oublié, que c'était bien l'équation du tout, la théorie ultime, le point final de la physique.

Ses anciens pressentiments s'étaient changés en certitude absolue. Dans son équation, les quatre interactions fondamentales de la physique apparaissaient chacune comme un cas particulier de la force généralisée dont sa théorie livrait la structure. Aucun paramètre d'ajustement n'était nécessaire. Seules les constantes universelles de la physique intervenaient, ce qui interdisait tout bricolage dans les prédictions. La théorie était donc cristalline et pure, sans compromis possible avec le réel.

L'idée géniale de Paul, en partie déjà développée dans sa thèse, avait consisté à relier les deux grands cadres théoriques de la physique actuelle que sont la relativité générale et la physique quantique. Traquant les troubles reflets d'une théorie à l'autre, il avait eu l'intuition qu'il était possible de construire un « superespace », c'est-à-dire une structure plus grande que l'espace-temps ordinaire, au sein duquel on pourrait faire jouer des principes plus fondamentaux que ceux requis par la théorie de la relativité et la physique quantique. Grâce à cet enflement de la géométrie présumée du cosmos, il avait pu introduire la gravitation, par de furtives caresses conceptuelles, dans le cadre de la physique des particules, et ainsi construire une théorie à la fois complète et unifiée de l'Univers, à petite comme à grande échelle. Au bout du compte, la matière se trouvait identifiée à ses propres interactions. Ce rapprochement donnait à l'équation de Paul un parfum d'harmonie d'autant plus capiteux qu'elle rendait également compte de tout le mobilier ontologique de la physique, des quarks aux leptons en passant par les supercordes et toutes sortes de bosons intermédiaires.

Après une vie de labeur acharné, au prix d'innombrables sacrifices et de centaines d'hectolitres de café serré, Paul avait donc fini par imaginer une extériorité à partir de laquelle on pouvait prendre d'assaut l'Univers et mettre à nu la ténébreuse et profonde unité de toutes choses. La matière était là, dans sa condition absolue de simplicité, formée de champs abstraits liés les uns aux autres par des interactions que la théorie décrivait de façon très précise.

Paul regarda fixement son équation. Longue d'à peine une ligne, elle traduisait en une synecdoque mathématique la véritable structure du monde, elle était comme la serrure de l'Univers. Mais il fut bientôt pris d'un étrange vertige. Son cerveau, qui n'était pourtant qu'un petit coin de l'univers, lui sembla contenir l'Univers tout entier. Il s'en trouva au bord d'exploser, telle une supernova qui expulse toute l'énergie d'une étoile. Était-ce le monde qui s'était concentré en l'intellect de Paul ou était-ce Paul qui avait su trouver le moyen de s'extraire du monde et de le contempler depuis le site de Dieu ? A la seule pensée de ces orgueilleuses perspectives, Paul se dilata encore davantage. « Mais en même temps, se dit-il dans un éclair inhabituel de modestie, je fais partie de ce monde… » Paul sentit qu'il devenait à moitié fou. Suis-je dans le monde ou hors du monde? se demanda-t-il. Est-ce moi qui contiens l'équation ou est-ce elle qui m'a produit ? »

Hagard, il se précipita hors de son bureau en tenant son crâne entre ses mains, dévala les escaliers comme un fou et commença une longue marche agitée, pleine de gestes saccadés et nerveux, dans les jardins du campus de l'université. Il cherchait à se calmer, à rentrer dans ses limites humaines, à retrouver des bornes à sa raison, mais il ne reconnaissait même plus les visages de ses collègues. Possédé par l'entièreté du monde, en état d'ivresse cosmique, il n'avait plus de frontière bien définie. Il était devenu un mélange de global et de local, de contenu et de contenant, une synthèse de la partie et du tout errant aux confins de l'Univers en même temps qu'à l'intérieur d'elle-même. L'air frais et le vent du soir le dégrisèrent peu à peu. Au bout d'une petite heure, il finit par réintégrer sa propre finitude et son bureau. Là, il s'installa devant son micro-ordinateur sans même prendre le temps d'ôter son pardessus. De la sueur perlait sur son front. D'une main tremblante, il lança le très lourd programme de calcul que ses thésards successifs avaient écrit et qui était en principe capable, grâce à d'innombrables astuces numériques, de calculer la solution exacte de son équation. Les calculs seraient très longs, ils prendraient plusieurs heures, mais au bout du compte, l'Univers, sa structure, son histoire et tous ses constituants finiraient par apparaître dans les gigantesques fichiers prévus pour accueillir les résultats. *Alea jacta est*, soufflat-il en tapant sur la touche « envoi » de son clavier qui est à la haute technologie ce que le Rubicon est à l'histoire romaine.

Il n'y avait plus qu'à attendre. Quelques heures plus tard, Paul serait à l'origine d'un joli vacarme dans le Landerneau des physiciens. Il n'en doutait pas. Ses collègues du monde entier lui feraient un triomphe. Dans une sorte de rêve semi-conscient, Paul s'aperçut fugitivement en smoking à Stockholm. Mais découvrant, en un éclair, son corps enflé et inerte tel que les autres le verraient, il balaya prestement cette pensée malvenue.

Comment calmer son impatience et meubler le temps d'attente ? Les mains dans le dos, il se mit à tourner en rond, comme un presque père dans les couloirs d'une maternité. Peu à peu, il parvint à prendre du recul. Finalement, il avait été une sorte de peintre qui aurait rêvé que sa toile fût la plus détaillée possible, qu'aucun détail n'en fût absent, qu'elle fût complète et fidèle. Pour peindre son bureau, il aurait commencé par dessiner les murs, la fenêtre, la porte, le portemanteau, le micro-ordinateur, la table avec sa grande lampe et toute sa paperasse jaunie. Par souci de rigueur, il aurait ajouté le chevalet sur lequel il peignait, puis la toile qu'il était en train de composer. La complétude du tableau aurait également exigé qu'il se représentât lui-même. Mais comment faire ? En un clin d'œil, Paul comprit que le travail qu'il croyait avoir achevé était en réalité infini. Un peintre n'en finirait jamais de se peindre en train de se peindre.

Paul s'arrêta net de marcher. Une angoisse sourde monta en lui, intermédiaire entre celle de l'écrivain découvrant qu'on lui a volé son manuscrit et celle du gardien de but au moment du *penalty*. Ses jambes se mirent à trembler. Il fit deux pas jusqu'à son fauteuil et s'y laissa tomber.

« Mon équation du tout, se demanda-t-il, fait-elle partie du tout ou bien est-elle au-delà du tout ? Si elle dit vraiment le principe de toutes choses, alors elle doit transcender le tout, et donc ne pas se confondre avec lui. Elle doit même n'avoir aucune relation avec le tout, sans quoi elle ne pourrait le fonder et ne serait pas principe. Mais sans aucune relation avec ce dont il est principe, le principe n'est plus que le principe de rien. Quant au tout, il ne serait plus à proprement parler le tout puisqu'il ne contiendrait pas le principe… ».

Ce petit charabia philosophique alerta soudain Paul sur les difficultés qu'il y a à cerner le lien du tout à ses parties. Comment une petite partie du tout peut-elle rendre compte du tout ? N'ai-je pas outrepassé les limites de ma condition humaine ? Mon projet n'était-il pas monstrueux ? Se pourrait-il que Dieu ait dit aux plus vastes génies de mon espèce comme il a dit à la mer : « Vous n'irez que jusque-là ? Et à quoi bon une clé s'il n'y a pas de serrure ? »

Ces questions allaient le rendre totalement fou lorsqu'il entendit le bip de son micro-ordinateur signalant la fin des calculs. Il se précipita vers son clavier pour explorer le contenu de ses fichiers. Il commença par celui décrivant l'Univers à grande échelle. Son équation avait bien prédit l'expansion de l'Univers, la prédominance de la matière sur l'antimatière, l'ordre de grandeur de la constante cosmologique et la bonne durée de vie des étoiles de la taille du Soleil. Paul hurla de joie. Ces premiers résultats étaient la signature d'un univers calculé très voisin de l'Univers réel. Il ouvrit ensuite les fichiers décrivant les gros amas de matière dans l'Univers. Ceux-ci s'organisaient en galaxies contenant plusieurs centaines de milliards d'étoiles, exactement comme dans notre univers. Paul s'excita de plus belle. Il n'eut pas de difficulté à repérer notre galaxie parmi les milliards d'autres que décrivait son équation. Le Soleil était là, ses planètes aussi, dans l'ordre s'il vous plaît, et avec les bonnes périodes de révolution. La Terre équipée d'une Lune avait une orbite bien régulière autour du soleil. Sur cette Terre, il reconnut les six continents tels qu'ils sont figurés dans les atlas. Sa ville était là également, et les rues avaient bien les noms qu'on leur connaissait. Paul était au bord de l'extase. Son équation était donc celle, sinon du tout, du moins du presque tout ! Il repéra facilement son université, puis son laboratoire, puis son bureau au troisième étage de l'aile sud du bâtiment. La théorie était assez exacte et assez précise pour indiquer jusqu'à l'existence du bureau de celui qui l'avait formulée !

Avant d'entrer d'un clic de souris dans son bureau, Paul voulut vérifier l'écriture de son nom sur la porte. Il fit un *zoom* sur l'étiquette. Le nom était invisible, écrit trop petit. Paul plissa les yeux, sans résultat. Il zooma davantage. Des semblants de lettres apparurent, qui restaient indéchiffrables. Il en agrandit le format autant qu'il pouvait, approcha sa tête contre l'écran, mais c'est alors sa propre vue qui commença à se brouiller. Paul eut l'impression confuse de ne plus vraiment appartenir au monde, d'être évanescent. En une fraction de seconde, il se sentit disparaître, comme aspiré au travers de l'écran de son ordinateur par le vaste abîme séparant le monde de ses représentations.

Le Culte du point final

La bêtise consiste à vouloir conclure.
Gustave Flaubert

A la fin du siècle dernier, lord Kelvin disait ressentir par avance de la pitié pour les futurs physiciens. La physique étant arrivée selon lui à ses fins, donc à sa fin, ils n'auraient rien d'intéressant à étudier. Dès ses toutes premières années, le vingtième siècle a montré combien il se trompait. La théorie de la relativité d'Einstein, puis la physique quantique sont vite venues ridiculiser *a posteriori* ce jugement hâtif. Un peu plus tard, à la fin des années vingt, le physicien Max Born put dire à un groupe de physiciens venus visiter Göttingen que « la physique telle que nous la connaissons sera achevée dans six mois ». Là encore, on sait ce qu'il en fut. Cette précipitation à conclure est récurrente. Déjà, au XIIIe siècle, Raymond Lulle avait prétendu avoir mis au point une technique censée résoudre toutes les questions dans tous les domaines, grâce à une structure logique et combinatoire exactement conforme à la réalité elle-même. Et au tournant du XVIe siècle, Francis Bacon s'était lui aussi fourvoyé en déclarant : « Il n'y a en réalité qu'une poignée de phénomènes particuliers des arts et des sciences. La découverte de toutes les causes et de toutes les sciences ne sera qu'un travail de quelques années. » L'optimisme savant est à la fois vieux et inoxydable.

Aujourd'hui, à quelques pas d'un changement de millénaire, certains reparlent de la fin prochaine de la physique théorique : la grande unification des interactions fondamentales est promise comme toute proche ; les théoriciens n'auront bientôt qu'à se mettre de leur propre gré en chômage technique ; l'Univers livrera d'ici peu ses clés les plus intimes, ses lois se mélangeront au sein d'une théorie glorieuse et œcuménique embrassant le tout du monde sous son regard mathématique et souverain. Nous saurons enfin de quoi l'Univers est fait, d'où il vient, comment il marche et où il nous entraîne.

Immanquablement, de tels discours ont suscité l'espoir (ou le fantasme, c'est toute la question) d'une « Théorie de Tout », tout endimanchée dans ses majuscules. Certes, des progrès spectaculaires ont bien été accomplis durant ces dernières décennies en matière d'unification des interactions. Mais de là à évoquer une prétendue Théorie de Tout, il y a peut-être – au minimum – abus de langage. D'abord, quel statut accorder à l'ambition qui gît derrière ce vocable ? S'agit-il d'une théorie universelle qui parle de toutes les choses, ou d'une théorie unitaire qui parle de tout de la même manière, ou encore d'une théorie globale qui parle du tout comme d'une entité indivisible ? Si l'on souhaite se rassurer, on peut dire que la physique est déjà une théorie de tout du premier type dans la mesure où elle permet en principe de parler de tous les objets matériels, quels qu'ils soient. Mais à un moment ou à un autre, il faut bien prendre acte du fait qu'elle ne parle pas de la même façon des atomes, des étoiles, du vide, du temps, de l'espace, du mouvement, ce qui l'empêche de prétendre être, au moins pour l'instant, une théorie de tout du deuxième type.

Sous doute est-il même illégitime de concevoir un objet qu'on appellerait le « Tout » et qui n'engloberait pas le mouvement de la pensée de celui qui le pense. Une « théorie de Tout » digne de ce nom devrait traiter également de la conscience et de la vie puisque celles-ci font partie du tout. Or les théories physiques les plus avancées ne le font pas. Et même si la physique parvenait un jour à unifier ses modes de représentation au sein d'une théorie prétendument complète, on pourrait encore se demander si une théorie prétendant avoir pour objet l'exhaustivité du monde relèverait de la science telle que nous la concevons aujourd'hui. Aucune expérience n'ayant été conduite, ni ne pouvant être conduite, sur la totalité du monde en tant que telle, une telle théorie aurait de grandes chances, par construction même, de ne pas être réfutable, peut-être même d'être parfaitement inintelligible. Quels seraient les « abominables » faits qui pourraient condamner une théorie de l'ensemble complet de ce qui est ? La théorie du tout qu'on nous annonce risque donc de ne pouvoir se départir du rôle d'éternelle conjecture plus ou moins déchiffrable.

Ces diverses mises en garde n'ont pas empêché que le piège dans lequel étaient tombés Kelvin et quelques autres soit à réamorçage rapide. Il semble que, pour les penseurs trop zélés, la tentation du définitif soit trop impérieuse et trop lancinante pour qu'ils y puissent résister, comme si l'idée d'un aboutissement de la pensée était un virus contre lequel il n'existe pas de vaccin imaginable. Cette tentation relève sans doute d'un désir confus de renouer – charnellement ou intellectuellement – avec ce qui est perçu comme une totalité mutilée par la dispersion technique. Elle traduit peut-être aussi une inextinguible nostalgie de la puissance magique, exaspérée par notre incapacité à saisir et à comprendre ce que nous dit la science, ses tours de main, toutes ses expériences, réelles ou de pensée, ses figures et ses diagrammes, toutes ses dynasties de problèmes.

On ne peut pourtant pas penser la clôture de ce qui n'a pas de fin. La science est un discours ponctué, certes, mais par essence interminable. La suprême philosophie du scientifique consiste donc à prendre parti pour une vision du monde qu'il sait inachevée et à la préférer à toute autre vision du monde apparemment close, mais moins précise. De plus, même si tout semblait indiquer que la physique est au bout de sa course et a atteint sa forme définitive, nous n'aurions pas les moyens d'affirmer son achèvement ni sa complétude. Un fait inattendu, un résultat d'expérience inédit, une nouvelle découverte théorique peuvent toujours survenir et révéler des défauts dans ce que les physiciens considéraient comme parfait, et ainsi réenclencher la marche de la science. Même s'il faut se méfier de l'abandon de la perspective du « Tout », car elle seule permet de prendre la mesure du biais auquel se trouve inévitablement soumise la réflexion du spécialiste, il convient également d'échapper au culte du point final et de se garder de toute présomption. Y compris dans le choix des mots.

6

Nouvelle :

Pile ou face

Essai :

De la chute des tartines
à la place de l'homme dans l'Univers

Pile ou face

Il y a des imbéciles.
Francis Ponge

Ingénieur de métier, spécialité mécanique, formé comme tel et déformé en conséquence, Paul Lesec était un rationaliste pur et dur, tendance Laplace. Il chérissait à l'excès l'idée de certitude. Sa conviction : tout événement a une cause bien définie, en principe connaissable, et si toutes les lois de la nature nous étaient connues, nous pourrions à partir d'elles tout expliquer, tout décrire, tout prévoir. Avec une arrogance qui agaçait, Paul prétendait que l'on parviendrait un jour à une connaissance exacte du monde et des choses. Le scepticisme n'est que l'élégance de l'anxiété, lâchait-il, sûr de lui et dominateur, lorsqu'on évoquait en sa présence un quelconque principe d'incertitude.

Doué pour les mathématiques appliquées, sensible à la mécanique des choses plutôt qu'aux choses elles-mêmes, c'était un maniaque de la démonstration. Il ne pouvait rien admettre qui ne fût le résultat d'un calcul ou d'un raisonnement rigoureux. Parce qu'elle explore tous les possibles tout en utilisant de façon judicieuse l'impossible, la mathématique lui semblait supérieure à tout ce que l'homme peut produire dans l'ordre de la fiction ou du fantastique. Du coup, l'intellect de Paul, brillant mais fermé aux réalités inaccessibles par la seule raison pure, avait parfois de vagues allures de plafond, voire de cachot. Au lycée, aucun sujet de dissertation ne l'avait jamais intéressé. Il avait été frappé par une phrase attribuée au physicien italien Enrico Fermi, que les rédactions scolaires ennuyaient aussi. Celui-ci aurait déclaré un jour que le seul thème de dissertation qui l'eût intéressé aurait été la description d'une pièce de deux lires. Paul partageait la même opinion, à la monnaie près.

Paul Lesec avait une allure de brimborion. Petit et très mince, bien droit, bien net, avec des cheveux plats qui serraient son crâne comme un casque, des yeux couleur d'asperge cuite, il portait des petites lunettes rondes et une fine moustache qui le faisaient ressembler à une sorte de détective constamment en éveil. Comme si, pour lui, il y avait toujours un problème urgent à résoudre ou un paradoxe à lever. Il se croyait zen, mais en vérité ne l'était guère. Depuis l'âge de seize ans, la peau de son visage était une usine à points noirs et le tabac faisait partie de sa diététique générale. Paul fumait partout, n'importe comment, avec n'importe qui. Il avait tant besoin de fumer qu'il allumait ses cigarettes à la chaîne. Conscient que cela n'était pas excellent pour sa santé, il fumait exclusivement des ultralégères avec filtre auxquelles il rajoutait un petit fume-cigarette muni d'un filtre supplémentaire. Convaincu de l'efficacité de cette double protection, il laissait échapper de sa bouche des volutes de fumée presque vides à une cadence d'essuie-glaces.

Poli, calme, sérieux, ponctuel et assidu en semaine comme l'ennui le dimanche après-midi, Paul incarnait ce qui se fait de mieux en matière de gendre idéal. Il avait une bonne situation dans une très grande entreprise et une très jolie fiancée, Louise, rencontrée un an plus tôt au bal de son école (très grande elle aussi). Avec ses yeux gris, d'un gris azuré qui en rendait étrange l'expression, son nez mince, ses lèvres fortes et pulpeuses, sa figure séduisante, pleine de gentillesse et de malice, Louise avait tout ce qu'il faut pour occuper la pensée d'un homme. Son regard vif était capable de voir la féerie primitive cachée derrière chaque chose, y compris derrière des yeux couleur d'asperge cuite. Préférant Mallarmé à Newton, et de loin, elle formait avec Paul un amusant contraste. Sa relation au monde était plutôt enfantine, faite de soumission à la réalité, de confiance, de sympathie avec les choses. Elle faisait tout baigner dans une sorte de sentimentalité nonchalante. Le monde avait pour elle un souffle heureux. Elle chantait le vent qui passe et parlait d'une parole argentée, luisante et vive.

Dépourvue de toute exigence rationnelle et indifférente aux sciences, il lui fallait beaucoup de patience pour supporter les explications interminables de Paul sur le pourquoi et le comment de chaque chose. Car Monsieur l'ingénieur avait réponse à tout et l'exactitude pédante. C'était là son grand défaut. La volonté de savoir et l'amour du vrai n'allant jamais sans une certaine méchanceté et un vague désir d'humiliation et de vengeance, il était en outre un peu cuistre.

Le jour de l'anniversaire de leur rencontre, Paul emmena Louise dîner dans un restaurant chic de la rive gauche, aux tarifs ophtalmocéphaliques (qui coûte les yeux de la tête). Ils s'y rendirent en voiture. Paul conduisait trop vite et Louise le lui fit remarquer. Mal lui en prit : elle qui s'attendait à des mots d'amour eut droit pendant tout le repas à un monologue sur la conduite en ville. Douche froide doublée d'un bain de science. Paul lui démontra par A plus B qu'il est toujours avantageux pour un automobiliste d'accélérer à l'approche d'un carrefour, car, expliqua-t-il, plus la voiture va vite, plus la probabilité d'une collision est faible. Louise lui fit gentiment remarquer que la probabilité d'un accident ne dit pas le tout de l'affaire. Il faut aussi tenir compte des conséquences éventuelles de l'accident qui, elles, s'aggravent évidemment quand la vitesse du choc augmente. Paul l'écouta du bout des oreilles, concéda un « je sais, c'est paradoxal » avant de se lancer dans des petits calculs posés à même la nappe (« c'est simple, ma chérie, je vais t'expliquer, tu vas comprendre »), montrant que, toutes choses égales par ailleurs, on gagne quand même à foncer comme un dingue aux carrefours. Louise fit semblant d'être convaincue dans l'espoir que la conversation pourrait enfin basculer dans le romantisme.

Son stratagème porta ses fruits, en partie seulement. Voyant sa moue, Paul tira un trait sur son histoire de vitesse salvatrice aux carrefours, mais se remit aussitôt à élucubrer, cette fois sur une affaire de petits papillons qui, paraît-il, remettraient en cause le déterminisme au pôle Nord en battant fébrilement des ailes aux tropiques. Louise ne fut pas certaine d'avoir gagné au change, mais elle ne montra rien de sa déception.

Peu après avoir quitté le restaurant, les amoureux se retrouvèrent bloqués dans un embouteillage entre le point mort et la première, à la hauteur du pont de l'Alma. Paul, bien calé dans sa frénésie pédagogique, profita de cet interlude pour en remettre un petit coup. Cette fois, c'est la tragique expérience du chat de Schrödinger qu'il prit pour cible de son *logos*. On place un chat dans une pièce fermée avec une fiole de cyanure et un atome radioactif. Si l'atome subit une désintégration radioactive, un détecteur actionne un mécanisme qui brise la fiole contenant le poison de sorte que le chat meurt aussitôt. L'atome ayant une chance sur deux de se désintégrer dans l'heure, la question est celle-ci : soixante minutes plus tard, le chat est-il mort ou vivant ? Il faut bien qu'il soit l'un ou l'autre, non ? Pourtant, d'après la physique quantique, une fois l'heure passée, le chat est dans les limbes, ni vraiment vivant ni vraiment mort, disons à moitié vivant et à moitié mort. « C'est étonnant, tu ne trouves pas, ma petite Louise ? »

A ce moment, la rue se dégagea comme par miracle. Paul passa la seconde et même la troisième, puis atteignit rapidement une vitesse qui l'obligea à faire attention à sa conduite. Louise crut que Paul allait enfin se taire. Elle se trompait. Son fiancé continua à vive allure ses péroraisons sur les paradoxes de la physique quantique et sur toutes les interprétations possibles de cette dernière : interprétation orthodoxe, dite de Copenhague, théorie des variables cachées, rôle éventuel de la conscience de l'observateur, hypothèse des mondes multiples… Alors qu'il allait en venir à la cinquième interprétation possible, celle dite de la décohérence, Louise, à bout de patience, laissa transparaître son exaspération. Paul en fut désemparé.

« Cela ne t'intéresse donc pas, ce que je t'explique ?

– Non, pas du tout. Ta fureur didactique m'agace à la fin ! Je ne suis pas ton étudiante !

– Que veux-tu dire ?

– Tu vois bien que je ne comprends absolument rien à ce que tu me racontes. Tes histoires de chat mis en boîte me soûlent à un point que tu n'imagines pas. »

Paul sentit son cœur qui se dévissait comme une ampoule. Jamais elle ne lui avait parlé sur ce ton. Il resta coi. Ouvrir la bouche, c'était menacer son soi, d'habitude si bien rangé, de s'éparpiller en pièces détachées et incohérentes. Le monde de l'amour lui apparut soudainement comme un abîme pour la raison, comme un nœud de phénomènes inexplicables, comme un grand chahut de phéromones incontrôlables. Cela le plongea dans une véritable panique. Lui qui croyait tout maîtriser venait de découvrir, tout près de lui, la possibilité du chaos. Il éprouva le besoin d'être rassuré, non pas sur les sentiments de Louise – elle l'aimait, elle le lui avait d'ailleurs redit le soir même –, mais sur sa propre capacité à maîtriser le monde, du moins certaines choses du monde. Il chercha à se raccrocher à un problème qui puisse être résolu rationnellement. Un beau problème d'ingénieur, un problème dont la solution existe et soit accessible, un problème pour lui.

Une chronique hilarante entendue le soir même à la radio sur la loi de Murphy lui fournit exactement l'énigme qu'il cherchait. Cette loi, celle de l'« emmerdement maximal », prétend qu'une tartine beurrée qu'on laisse échapper des mains tombe toujours du mauvais côté. Elle est constamment invoquée par ceux qui se croient malchanceux. Mais est-ce vraiment une loi, se demanda l'ingénieur ? Ne s'agit-il pas plutôt d'une fausse rumeur ? Paul se résolut à en avoir le cœur net. Louise en serait forcément impressionnée.

Abandonnant sa fiancée seule dans le grand lit, il s'enferma dans son bureau toute la nuit pour trancher cette affaire de tartine beurrée. Il commença par modéliser les tartines en prenant comme dimensions de référence celles des toasts anglais, symétriques et bien calibrés. Il fit ensuite la même chose pour la couche de beurre en tenant compte de sa différence de densité d'avec celle du pain. Ensuite, il simula sur son ordinateur la trajectoire de ces tartines. Il fit varier la hauteur de chute et différents autres paramètres comme l'épaisseur de la couche de beurre. Rapidement, les simulations montrèrent que si une tartine beurrée tombe du rebord d'un plan d'une hauteur de moins de trois mètres, elle ne peut que retomber du côté beurré. En effet, dans ce cas, elle tourne systématiquement de plus d'un demi-tour mais n'a pas le temps de tourner de plus d'un tour. « J'ai démontré la loi de Murphy ! » s'écria Paul. Galvanisé jusqu'à l'incandescence, il poursuivit ses réflexions jusqu'à l'aube. Grâce à un calcul d'ordre de grandeur, il se convainquit que la taille d'un bipède ne pourrait dépasser environ trois mètres, car au-delà de cette hauteur, tout choc sur la tête provoqué par une chute serait mortel. Puis il enchaîna les raisonnements pour aboutir à la conclusion que la loi de Murphy était universelle : elle était vraie non seulement pour les humains, mais aussi pour tous les bipèdes, à la condition évidemment de prendre pour la gravitation une valeur proche de celle qui existe sur la Terre.

Et Paul de courir jusqu'à la chambre. Louise dormait à poings fermés, en diagonale dans le grand lit. Il la secoua violemment, elle grommela en prodiguant quelques richesses de son vocabulaire. En transes, il lui expliqua qu'il venait de démontrer que l'homme a la hauteur qu'il se trouve avoir et la gravitation se trouve être ce qu'elle est sur Terre afin que nous, bipèdes de taille intermédiaire, soyons systématiquement embêtés lorsqu'une tartine nous échappe des mains. Qu'en somme l'Univers s'est structuré de façon telle qu'il devait nécessairement produire la loi de Murphy.

« Le but de l'Univers, Louise, c'est donc moins l'homme proprement dit que son emmerdement maximal, tu m'entends ?

– Tu veux me faire croire, lui rétorqua Louise sans daigner ouvrir les yeux, que tes petits calculs nocturnes t'ont propulsé vers les cieux d'une métaphysique imparable ? Qu'avec des arguments de cuisine tu es parvenu à comprendre la place de l'homme dans l'Univers ? Que l'entière finalité du cosmos gît cachée dans la chute des tartines ? Et que cette colossale découverte mérite tout ce branle-bas matutinal ? »

Elle était parfois comme cela, Louise : ses mots avaient l'air de rien mais ils vous exécutaient à bout portant.

Sans même répondre, Paul se précipita dans la cuisine, entraînant Louise presque nue avec lui. Il ouvrit le placard, se saisit d'une tartine, la beurra fébrilement et la laissa tomber avec la certitude qu'elle choirait comme l'indiquaient ses calculs. Mais, surprise, la tartine s'étala sur le côté qu'il n'avait pas beurré. Louise s'esclaffa : « On dirait que la place de l'homme dans l'Univers vient d'en prendre un petit coup derrière les oreilles. Le réel aurait-il plus de fantaisie que ton bel ordinateur ? Ton esprit cartésien buterait-il contre la poésie du monde ? », lança-t-elle, narquoise, avant de retourner en bâillant dans la chambre.

Paul fut saisi par le doute. « Me serais-je trompé ? » se demanda-t-il. « N'aurais-je pas bien pris en compte la résistance de l'air ? Cette tartine est-elle bien semblable à celles que j'ai modélisées ? » Il retourna dans son bureau pour vérifier ses calculs. Il en ressortit deux heures plus tard, tout enrobé de fumée et convaincu qu'il n'avait point fait d'erreur. De retour dans la cuisine, il recommença son expérience, avec la même tartine, qui tomba à nouveau du côté non beurré, défiant pour la deuxième fois les lois les mieux établies. Blême, Paul était maintenant dans les affres. Mais l'ingénieur retrouva assez de concentration pour se mettre à réfléchir aussi fort qu'au grand oral de Polytechnique.

Quelques minutes plus tard, l'explication du paradoxe lui tomba sur la tête, dans le style « bon sang mais c'est bien sûr », en faisant un grand bruit de soulagement.

« C'est trop bête, ma petite Louise, cria-t-il en faisant bruyamment irruption dans la chambre. J'avais beurré la tartine du mauvais côté ! »

Mais Louise n'était plus là. Sur la table de nuit, il y avait un billet dont Paul s'empara vivement. « Pile, je te quitte », lut-il, décomposé. Il retourna la feuille : « Face, je te quitte aussi .»

De la chute des tartines à la place de l'homme dans l'Univers

Autrefois, j'étais indécis,
mais à présent je n'en suis plus aussi sûr.
Umberto Eco

Les paradoxes ont mauvaise presse et réputation de parasites. Ils résonnent comme autant de profanations ou de trahisons du droit canon de la pensée. On en fait peu ou prou des sortes de monstres qu'il s'agirait de faire disparaître. Pourtant, la fonction des paradoxes est vitale, notamment dans les sciences, car ils n'ont pas d'égal pour mobiliser l'intelligence et l'impatience de comprendre. Sans paradoxe, il n'y aurait pas de pensée vivante.

Loin de ne désigner que la contradiction et l'antinomie, le concept de paradoxe a de multiples facettes. Le mot est issu des deux racines grecques : *para* et *doxa*. Para est un préfixe qui désigne le voisinage, le décalage, la singularité. Il suggère donc l'idée de distance par rapport à quelque chose. Quant au mot *doxa*, il désigne l'ensemble des opinions reçues sans discussion comme des évidences naturelles, dans une civilisation donnée. La *doxa*, c'est en somme le préjugé et sa périphérie. C'est l'idée en tant qu'elle domine, qu'elle échappe au jugement critique. La *doxa* recouvre donc l'opinion publique, l'esprit majoritaire, la pensée immédiate ou le lieu commun. Elle s'appuie sur des notions ou des thèses *avec* lesquelles on argumente, mais *sur* lesquelles on n'argumente point. Est finalement paradoxal tout ce qui s'éloigne de la force de la *doxa*, à une distance plus ou moins grande de celle-ci.

En logique, le paradoxe désigne avant tout une assertion, non nécessairement absurde, dont on peut démontrer à la fois qu'elle est vraie et qu'elle est fausse. L'exemple le plus connu est le paradoxe du menteur, dont la tradition attribue la paternité au philosophe crétois Épiménide, au VIe siècle avant J.-C. On demande à quelqu'un qui ment systématiquement s'il ment. S'il répond: « Oui, je mens », de toute évidence il ne ment pas, car si un menteur affirme qu'il ment, c'est qu'il dit la vérité. A l'inverse, s'il répond: « Non, je ne mens pas », alors il est vrai qu'il ment puisqu'il est précisément en train de mentir.

Il existe donc des phrases qui se contredisent elles-mêmes. Si on pense qu'elles sont vraies, on doit aussitôt faire marche arrière et penser qu'elles sont fausses. Mais à peine a-t-on décidé qu'elles sont fausses qu'un retournement similaire ramène à l'idée qu'elles doivent être vraies. Un énoncé très banal peut donc être une sorte d'impasse logique, comme si le langage pouvait entrer en carambolage avec lui-même. Songeons par exemple aux slogans autocontradictoires qui connurent leur heure de gloire en mai 1968: « Il est interdit d'interdire », « Soyez réaliste, demandez l'impossible », « Les racistes sont des êtres inférieurs », etc. De tels paradoxes, liés à ce que l'on appelle l'« autoréférence », émergent spontanément dès qu'il y a interférence entre un message et son support, entre une phrase et son propre sens. Ils viennent démontrer que des phrases pourtant très simples peuvent cacher des significations contradictoires. Le paradoxe de Russell montre comment de tels abîmes peuvent apparaître.

Normal, disiez-vous ?

Le paradoxe de Russel fut formulé au début du XXe siècle par le mathématicien et philosophe Bertrand Russell. Partons, propose Russell, de deux notions très simples, celle d'ensemble (au sens mathématique du terme) et celle d'élément d'un ensemble, toutes choses qui semblent très intuitives, « claires et distinctes », comme aurait dit Descartes. Classons les ensembles en deux groupes, suggère ensuite Bertrand Russell : d'un côté les ensembles normaux, de l'autre les ensembles non normaux. Sera dit normal tout ensemble qui ne se contient pas lui-même comme élément. Par exemple, l'ensemble des Parisiens est un ensemble normal puisque, n'étant pas lui-même Parisien, il n'est pas élément de lui-même. En revanche, un ensemble sera dit non normal s'il se contient lui-même comme élément. Par exemple, l'ensemble des ensembles est lui-même un ensemble (comme son nom l'indique), c'est-à-dire élément de lui-même : l'ensemble des ensembles est donc un ensemble non normal.

Appelons *N*, l'ensemble de tous les ensembles normaux. La question qu'on doit alors se poser (si l'on cherche les ennuis et/ou les céphalées) est : *N* est-il un ensemble normal ou un ensemble non normal ? Essayons les deux cas de figure possibles : si *N* est normal, il appartient à *N* puisque *N* est l'ensemble de tous les ensembles normaux ; *N* est donc élément de lui-même, et donc non normal ! Réciproquement, si *N* est non normal, il se contient lui-même comme élément (par définition), donc il est normal puisque *N* est l'ensemble de tous les ensembles normaux ! Conclusion, *N* est normal si et seulement si *N* est non normal…

On peut ainsi construire à partir d'idées simples une proposition qui est à la fois vraie et fausse. Les idées simples ont, elles aussi, leurs impasses et leur verglas puisque leur maniement exclusif n'empêche pas les dérapages. En définitive, le paradoxe de Russell montre que la version naïve de la théorie des ensembles est contradictoire (elle permet de démontrer à la fois une proposition et sa négation). Il a donc fallu en modifier les axiomes de manière à éviter ce type de contradiction. En particulier, il ne faut poser l'existence d'ensembles que pour certaines propriétés, en prenant bien soin que la propriété « ne pas être l'un de ses propres éléments » ne soit pas de celles qui permettent de définir un ensemble. Cela a mené, dans les premières décennies du XXe siècle, à la théorie moderne des ensembles, dans laquelle on ne connaît pas de contradiction et qui permet de construire tous les objets mathématiques dont on a besoin.

Les paradoxes en physique

En physique, le paradoxe prend un sens différent. Aiguillon de la pensée, il est comme la vérité qui se tiendrait sur la tête pour attirer notre attention. On peut très grossièrement classer les paradoxes de la physique en deux catégories. La première catégorie est constituée de ceux qui mettent en lumière un désaccord entre une théorie reconnue comme valide et une expérience particulière, ou bien entre deux théories ayant chacune un certain domaine de validité. Par exemple, le fait que la nuit soit noire a longtemps semblé paradoxal aux astronomes : si l'Univers est infini, éternel et uniformément peuplé d'étoiles, toute ligne de visée devrait finir par rencontrer une étoile, de sorte que le ciel, globalement pavé de soleils, devrait être constamment lumineux, contrairement à ce que nous observons. Récemment, l'obscurité du ciel nocturne a pu être expliquée en tenant compte notamment de la vitesse finie de la lumière et du fait que la durée de vie des étoiles est elle aussi finie.

Pour rester dans le noir, on peut également citer le paradoxe que constituait aux yeux des physiciens de la fin du XIXe siècle le problème du « corps noir » (objet qui absorbe tout le rayonnement qui l'atteint), dont le comportement semblait déroger aux lois de la thermodynamique et de l'électromagnétisme : les calculs indiquaient que le spectre du rayonnement émis par un corps noir était tel que la quantité d'énergie émise à une fréquence donnée devait augmenter indéfiniment avec la fréquence, de sorte que l'énergie totale rayonnée devait être infinie, en contradiction avec l'expérience. De tels paradoxes constituent en quelque sorte le combustible du progrès scientifique, puisque c'est en les dépassant que la science modifie ses théories et ses concepts. La résolution du paradoxe du corps noir par Max Planck, qui supposa que les échanges d'énergie entre matière et rayonnement sont discrets et non pas continus, fut ainsi l'élément déclenchant de ce qui allait devenir la physique quantique, révolutionnaire à bien des égards.

La deuxième catégorie de paradoxes est constituée de ceux qui traduisent un résultat avéré de la physique qui choque le sens commun. Ces paradoxes ne sont en général pas considérés comme d'authentiques paradoxes par les physiciens, puisque l'on peut facilement soutenir que la plupart des énoncés de la science sont déjà en rupture avec l'intuition. Par exemple, le principe d'inertie énoncé par Galilée au tournant du XVIIe siècle, qui pose qu'un corps laissé à lui-même, sans influence extérieure, poursuit son mouvement s'il est en mouvement rectiligne et uniforme, est d'une certaine façon paradoxal puisqu'il contredit l'observation courante selon laquelle tous les mouvements s'amortissent. De la même façon, le fait que de la lumière ajoutée à elle-même peut produire de l'obscurité semble bien bizarre…

Une sombre histoire de lumière

La lumière est souvent associée à une notion de clarté et de simplicité dont elle reste le symbole. La Genèse affirme que la lumière fut créée le premier jour, précédant ainsi largement une complexité du monde sans cesse accrue. Pourtant, ce phénomène directement associé à la perception visuelle se révèle bientôt mystérieux. La lumière a elle aussi sa part d'ombre. « Nous saurions beaucoup de choses, affirmait le physicien Louis de Broglie, si nous savions ce qu'est un rayon lumineux. » De fait, la prétendue simplicité primitive de la « lumière du premier jour » a bouleversé à plusieurs reprises les fondements mêmes de la physique.

Au lieu d'envisager l'ombre et la lumière sur le mode de l'opposition, comme nos paroles continuent de le faire, la physique les conçoit plutôt sous la coupe de l'unité. Elle prend acte du fait que de la lumière ajoutée à de la lumière peut produire de l'obscurité, c'est-à-dire l'apparence d'une absence locale de lumière. Cette curieuse façon qu'a la lumière de faire des additions est à l'origine des « interférences » lumineuses. Pour comprendre de quoi il s'agit, revenons sur ce que l'on appelle l'optique « géométrique », qui permet de déterminer la trajectoire des rayons lumineux. Selon elle, les zones d'ombre sont tout simplement liées à la répartition spatiale des rayons lumineux: elles correspondent aux endroits où les faisceaux lumineux n'arrivent pas. Mais si l'on cherche à isoler un rayon lumineux en réduisant de plus en plus l'ouverture du diaphragme qui limite un faisceau, on finit par observer un étalement de l'impact du faisceau. Ce processus s'appelle la diffraction.

Ainsi, lorsqu'un faisceau lumineux rencontre un écran percé d'un petit trou, l'image qu'il laisse sur un autre écran placé dans son prolongement n'est pas le simple reflet du trou. Elle présente une structure d'autant plus étalée que le trou est petit. Pareil phénomène, incompréhensible dans le cadre de l'optique géométrique, révèle en fait l'aspect ondulatoire de la lumière, c'est-à-dire sa capacité à se superposer à elle-même. Cette propriété permet d'expliquer les interférences lumineuses, découvertes par Thomas Young au début du XIXe siècle, grâce à une expérience consistant à percer deux petites fentes dans un écran opaque, à éclairer l'écran et à observer l'image obtenue sur un second écran placé à la suite du premier. Chacune des deux fentes diffractant la lumière, on s'attend à voir sur l'écran deux bandes élargies avec, dans la zone où les deux bandes se chevauchent, une intensité lumineuse égale à la somme des intensités de chacune des bandes. Ce n'est pas ce que montre l'expérience. Dans la zone de recouvrement apparaissent des franges d'interférences : en certains points, les deux faisceaux s'ajoutent de façon constructive et forment les franges claires ; en d'autres points, les faisceaux s'ajoutent de façon destructive, de sorte que ces points paraissent sombres, comme s'ils baignaient dans un halo d'impossible lumière. La lumière n'est donc pas le contraire de l'obscurité puisqu'elle est capable, par elle-même, de se porter ombrage.

Cette étrangeté incite au passage à faire une proposition : ne pourrait-on pas demander aux physiciens d'inventer un principe « d'anti-interférence » qui permettrait à deux obscurités ajoutées l'une à l'autre de produire de la lumière ? Les applications d'un tel principe pourraient être précieuses. Par exemple, Heidegger pourrait devenir lumineux à la condition qu'on le lise en même temps que Wittgenstein, et réciproquement.

Le chat dans tous ses états

Le paradoxe du chat de Schrödinger, évoqué précédemment, est un paradoxe célèbre de la physique quantique. Il a ceci d'intéressant qu'il est à la limite du canular. Il fut inventé en 1935 par le physicien autrichien Erwin Schrödinger afin de rendre manifestes, par une situation déconcertante, les aspects paradoxaux d'une interprétation trop naïve de la physique quantique. Imaginons, dit Schrödinger, un appareil capable de détecter l'émission d'une particule qu'un atome radioactif émet lorsqu'il se désintègre ; imaginons aussi une boîte, et à l'intérieur de cette boîte plaçons un chat ; ajoutons à tout cela un dispositif conçu de telle sorte que, si l'émission de la particule issue de la désintégration a lieu, alors un marteau s'abat sur une fiole contenant un gaz mortel et la casse, ce qui provoque aussitôt la mort du chat. Ces différents appareils étant mis en place, refermons la boîte. Les principes de la physique quantique indiquent alors que le vecteur d'état (représentations mathématiques qu'utilisent les physiciens quantiques pour décrire les états physiques des particules et qui évoluent au gré des interactions que subissent les systèmes physiques considérés) du système complet (boîte + chat + marteau + fiole) est très complexe puisqu'il contient un très grand nombre de particules, mais il est nécessairement du type $a + b$, c'est-à-dire qu'il s'écrit comme la somme de deux termes. Plus précisément, il est la superposition de l'état « atome désintégré/marteau baissé/fiole cassée–chat mort » et de l'état « atome non désintégré/marteau levé/fiole intacte/chat vivant ». Tant qu'aucune observation n'a été faite, le chat est donc dans un état incertain, ni mort, ni vivant. Pareille situation, difficile à concevoir du strict point de vue existentiel, vient illustrer les terribles difficultés d'interprétation de la physique quantique.

Il est à noter que, lorsqu'il s'agit d'illustrer « charnellement » un paradoxe, le chat est sans doute l'animal le plus souvent choisi. En l'occurrence, le chat ne joue aucun rôle spécifique. N'importe quel autre être vivant aurait aussi bien fait l'affaire. Un paradoxe de la poule, de l'oie ou de la truie de Schrödinger aurait eu, du strict point de vue heuristique, exactement la même portée que celui du chat. Il existe néanmoins des situations dans lesquelles le choix du chat n'est pas arbitraire, l'agile quadrupède intervenant alors pour ses qualités propres. C'est le cas d'un paradoxe résultant du rapprochement (perfide, on en conviendra sans faire d'histoires) entre une loi et un fait. La loi, c'est la loi de Murphy, qui veut que ce qui nous est désagréable ait toutes les chances de se produire : la tartine beurrée qu'on laisse échapper des mains tombera immanquablement du mauvais côté, obligeant au maniement systématique de l'éponge. Le fait, c'est celui qui consiste en ce qu'un chat choit toujours bien, c'est-à-dire qu'il retombe systématiquement sur ses pattes. Question : que se passe-t-il si l'on colle une tartine beurrée sur le dos d'un chat ? Ainsi s'énonce le paradoxe dit du chat beurré. Ce dernier se trouve là encore dans une situation incertaine. Le propre du chat serait-il d'être ambivalent ?

En matière de paradoxe, nous avons également beaucoup à apprendre d'un autre animal, moins connu que le chat mais très bizarre et curieusement nommé : l'ornithorynque.

La morale de l'ornithorynque

L'ornithorynque est un être paradoxal, peut-être même le plus paradoxal de tous les êtres. Sa seule apparence défie la pauvre idée de normalité et justifie à elle seule qu'il soit devenu, avec l'oryctérope, la vedette la plus extravagante du bestiaire du capitaine Haddock lors de ses colères. Cet animal, physiquement invraisemblable, sorti tout droit de l'impossible, est un cauchemar pour taxinomistes. Il semble avoir survécu aux règles de sélection les plus implacables, avec ses pattes de canard dotées de griffes et cracheuses de venin, son absence de cou, son bec si curieux, son pelage si doux et sa queue si plate. Son ambiguïté frise l'outrance. Une rumeur venant d'Australie le dit pourtant timide, sans doute à cause du malaise créé par la diversité des emprunts contractés par son anatomie.

Quand le premier spécimen d'ornithorynque empaillé arriva au British Museum, en 1798, on crut à une supercherie. Quelque génie de l'embaumement s'était sans doute amusé à agrafer un bec de canard au bout de la tête d'un quadrupède ? Mais on dut se rendre à l'évidence. Il n'y avait point de trucage. Cet être inclassable existait bel et bien.

Comme il est difficile d'admettre que l'inconnu puisse être radicalement nouveau, on chercha aussitôt à insérer l'ornithorynque dans une catégorie déjà connue. Certains, voulant faire de lui un mammifère, refusèrent d'admettre qu'il pût pondre des œufs. D'autres, voulant faire de lui un ovipare, nièrent l'existence des mamelles (que la femelle a très discrètes) et du lait (qu'elle répand dans l'eau pour nourrir ses petits). Au final, après quatre-vingts années de débats, l'existence des mamelles et des œufs put être rigoureusement démontrée, et il fallut conclure que l'ornithorynque est *à la fois* un mammifère (comme les vaches) et un ovipare (comme les reptiles). S'il était paradoxal, ce n'était donc que relativement aux anciennes catégories considérées comme étanches.

La morale de cette histoire fait penser à ce qui s'est passé lors de la mise sur pied de la physique quantique, dans les années vingt et trente, après que les physiciens ont découvert que les lois de la physique classique ne rendaient pas compte du comportement des atomes. Jusqu'alors, les physiciens avaient distingué deux sortes d'entités fondamentales : d'une part les corpuscules, qui sont des sortes de billes microscopiques, d'autre part les ondes qui se propagent dans l'espace un peu comme le mouvement d'une vague sur la mer. Lorsqu'il apparut que les particules quantiques semblaient ne pas pouvoir être assimilées à des objets parfaitement localisés dans l'espace, certains eurent le réflexe de les identifier à des ondes, d'autres tentèrent de ramener leur représentation à celle de corpuscules, et il en fut quelques-uns pour avancer qu'elles sont une sorte de collage de ces deux entités. En fait, les objets que considère la physique quantique transcendent la classification classique. Ils ne sont ni des ondes, ni des corpuscules, mais « autre chose » : étalés dans l'espace tant que l'on ne fait pas en sorte de mesurer leur position, ils apparaissent bien localisés lorsqu'une mesure est faite. Mélangeant ainsi les aspects ondulatoire et corpusculaire sans se réduire à aucune de ces deux catégories, ils sont en quelque sorte les « ornithorynques de la physique classique ».

Au fait, sait-on pourquoi les ornithorynques, êtres si particuliers, sont comme ils sont ? Leur existence obéit-elle à une nécessité ? Sont-ils le résultat d'un miracle ? Est-ce le hasard qui les a fait advenir ? Étaient-ils déjà en projet dans la soupe primordiale à laquelle se réduisait l'Univers dans ses premiers instants ? Mais après tout, ces mêmes questions peuvent être posées à propos de l'homme, et même à propos de l'Univers tout entier. Ce dernier aurait-il pu se passer de nous ?

De la place de l'homme dans l'Univers

Aujourd'hui, la question de la place de l'homme dans l'Univers intéresse un certain nombre de scientifiques. Pendant des siècles, la Terre et l'homme ont semblé occuper une position centrale dans l'Univers. A partir du XVIe siècle, cet anthropocentrisme fut remis en question par Nicolas Copernic qui délogea la Terre de sa place centrale. La relativisation de la position de l'homme dans l'Univers n'a depuis cessé de s'étayer jusqu'à apparaître clairement dans le principe cosmologique qui est à la base de la cosmologie moderne. Selon ce principe, il n'existe aucune position privilégiée pour observer l'Univers (identifié à l'ensemble constitué par l'espace, le temps, la matière, l'énergie et tout ce qu'il contient): celui-ci apparaît de la même façon en n'importe quel lieu. Deux observateurs situés de façon quelconque dans l'Univers verront certes des choses très différentes dans leur environnement proche, mais à mesure qu'ils regarderont plus loin, ce qu'ils verront sera de plus en plus semblable. A grande échelle, l'Univers est supposé homogène et isotrope, c'est-à-dire qu'il a les mêmes propriétés en tout point et dans toutes les directions. Il découle de ce principe que la Terre, ou même notre galaxie, n'occupe qu'une place sans importance ni caractéristique particulières, ce qui contredit la vision d'un univers créé *pour* l'homme.

Mais on sait aujourd'hui que les étoiles ne sont pas qu'un simple ornement du ciel nocturne. Ce sont elles qui fabriquent le carbone qui entre dans la composition de toutes les molécules organiques, substrat de la matière vivante. Il semble donc que l'apparition de la vie dans l'Univers (mais celle des ânes aussi bien que celle de l'homme) soit conditionnée par l'apparition préalable des étoiles. Ce constat incite à poser la question: pourquoi l'Univers se trouve-t-il être comme il est? Examinant l'impressionnante succession d'événements qui ont conduit à l'apparition de l'homme, au bout d'une quinzaine de milliards d'années, certains cosmologues n'hésitent pas à conclure: l'Univers est tel qu'il est pour rendre possible cette apparition de l'homme. Ce principe, appelé le principe anthropique (du grec *anthropos*, l'homme) est très controversé. Son statut dans le champ de la physique n'est pas clair et il est difficile de juger de sa portée. Il s'appuie en outre sur un mode de raisonnement très différent de celui habituellement utilisé en physique puisqu'il prétend expliquer le processus cosmique par son résultat plutôt que par les lois qui le régissent. Pour cette raison, certains considèrent qu'il n'est qu'une tautologie vide de sens, signant le retour en force d'un anthropocentrisme que l'on tenait pour définitivement écarté depuis Copernic.

En 1929, le physicien Paul Dirac avait remarqué des relations d'une grande simplicité entre trois nombres faisant intervenir des constantes physiques fondamentales. En raison de leur valeur numérique élevée, ils sont traditionnellement appelés « grands nombres » (mais tout est relatif : d'une manière naïve, on peut dire qu'il existe plus de nombres plus grands que 10^{40} que de nombres plus petits). Le premier, N_1, est inversement proportionnel à la constante G de la loi de la gravitation universelle ; le second, N_2, est proportionnel à ce que l'on nomme abusivement « l'âge de l'Univers » ; le troisième, N_3, est proportionnel à la masse de l'Univers. Les ordres de grandeur de ces trois nombres sont liés par deux relations très simples : $N_1 = N_2 = 10^{40}$; $N_3 = N_1^2 = 10^{80}$. Dirac ne voulait pas croire que ces coïncidences étaient fortuites. Elles traduisaient selon lui une relation profonde entre microphysique et cosmologie.

En 1961, un astrophysicien, Robert Dicke, fit une remarque importante concernant l'âge de l'Univers. La présence d'êtres vivants impose à l'Univers d'être suffisamment vieux pour qu'ils aient eu le temps d'apparaître. Or l'existence d'êtres vivants suppose la présence de carbone qui n'a pu se former qu'au sein des étoiles grâce à des mécanismes de fusion nucléaire. Il doit donc y avoir un lien entre l'âge de l'Univers et la durée de vie moyenne d'une étoile. Cette durée de vie moyenne se calcule en fonction de la masse de l'étoile, qui s'exprime elle-même en fonction des constantes fondamentales de la physique. Si l'on pose que l'âge de l'Univers est égal à la durée de vie moyenne des étoiles, on en déduit l'égalité entre N_1 et N_2. Et Dicke d'en conclure que cette égalité n'est pas fortuite, qu'elle est en rapport avec la présence d'êtres vivants au sein de l'Univers.

Cette conclusion conduit au principe anthropique qui énonce que les constantes physiques – telle la vitesse de la lumière – ou cosmologiques – telle la constante de Hubble qui mesure la vitesse d'expansion de l'Univers – ne peuvent avoir de valeurs arbitraires : leurs seules valeurs possibles sont celles qui permettent l'apparition de la vie et un temps suffisant pour l'évolution de celle-ci. Ainsi, l'inverse de la constante de Hubble, qui donne le temps d'évolution ayant conduit à l'univers actuel, ne saurait être inférieur au temps de production par les étoiles du carbone nécessaire à la vie. Ce temps vaut environ cent millions d'années. L'Univers a donc au moins cet âge, puisque nous existons. Cette formulation dite « faible » du principe anthropique, qui prend la forme d'une contrainte temporelle, ne fait qu'expliciter un principe structurel de la science : ce qui nous apparaît de l'Univers est nécessairement un état compatible avec notre existence, en tant qu'êtres vivants et percevants. Autrement dit, nous ne pouvons rien y trouver qui démente notre existence même, sous peine d'affronter une pénible contradiction. Plutôt que d'un principe anthropique, il vaudrait mieux parler ici d'un principe (plus modeste) de compatibilité entre la structure de l'Univers et la possibilité de la présence de l'homme en son sein.

Mais en 1975, le cosmologue Brandon Carter reprit les remarques de Dicke pour les généraliser et aboutir à l'énoncé dit « fort » du principe anthropique. A la fois plus ambitieux et plus contraignant, il dit ceci : l'Univers doit nécessairement avoir les propriétés qui le conduisent à produire la vie à un certain stade de son développement. Toute la force de cet énoncé est dans le « doit » qui suggère que la vie, et par prolongement l'homme, est le but de l'Univers. Ce dernier serait tel qu'il est parce que nous en serions l'une des finalités. Au centre de très vifs débats, le principe anthropique fort demeure de l'ordre d'une pure spéculation, notamment parce qu'il ne permet pas de faire de prédictions tangibles.

Ce n'est pas le cas de la loi de Murphy qui, elle, est susceptible d'être analysée scientifiquement. C'est du moins ce qu'a pensé un physicien, Robert Matthews, qui a montré, en modélisant les tartines, que si elles tombent du rebord d'un plan d'une hauteur de moins de trois mètres, elles ne peuvent que retomber du côté beurré dans la mesure où elles tournent de plus d'un demi-tour mais n'ont pas le temps de tourner de plus d'un tour. De plus, ce chercheur s'est convaincu, en modélisant sommairement les êtres biologiques, que la taille d'un bipède ne peut dépasser environ trois mètres. Ce résultat tendrait donc à prouver, même s'il reste schématique, que la loi de Murphy est universelle, au moins chez les bipèdes et pour des valeurs de la gravitation proches de celles de la Terre. D'où une version « tartignolle » du principe anthropique : l'homme a la hauteur qu'il se trouve avoir et la gravitation se trouve être ce qu'elle est sur Terre afin que nous, bipèdes de taille intermédiaire, soyons systématiquement embêtés lorsqu'une tartine nous échappe des mains. Même si elle est moins noble que celle qui veut faire de nous les êtres les plus achevés de l'Univers, cette version du principe anthropique a le mérite de pouvoir être testée, dès l'aube et sans que nous soyons nécessairement consentants (il suffit d'être maladroit), dans le huis clos de nos cuisines.

7

NOUVELLE :

La Revanche du temps perdu

ESSAI :

Le temps n'est-il qu'une illusion ?

La Revanche du temps perdu

Il y a deux choses dans les phénomènes de la vie :
l'état de santé, l'état de maladie ;
de là deux sciences distinctes, la physiologie, la pathologie.
L'histoire des phénomènes dans lesquels les forces vitales
ont leur type naturel nous mène, comme conséquence,
à celle des phénomènes où ces forces sont altérées.
Or, dans les sciences physiques, il n'y a que la première histoire ;
jamais la seconde ne se trouve.
Marie François Xavier Bichat

Une pas assez constante pensée de la mort
n'a donné pas assez de prix au plus petit instant de ta vie.
André Gide

Paul Legris, physicien théoricien à la retraite, affichait, malgré son grand âge, une allure exceptionnellement juvénile. Silhouette de jeune homme, démarche alerte, allure d'icône, il n'avait rien du géronte décharné ni du ventripotent. Il avait gardé la blondeur de ses jeunes années et son front ne montrait pas de rides. Lorsqu'il se regardait dans un miroir, il y reconnaissait sans peine le visage qui, quarante ans auparavant, lui jetait déjà un regard tout semblable. A soixante-dix ans passés, en retard sur lui-même, Paul n'avait pas encore eu à éprouver cette tragique fatalité : le rétrécissement progressif par lequel un jeune homme entre dans la peau d'un vieillard.

Paul était une machine à tromper le temps. Il avait été un chercheur consciencieux. Ni fêtes, ni vices sensuels, ni ripaille. Sa vie durant, il avait fui toute forme de dispersion, refusant les divertissements comme s'ils signifiaient une démission de l'esprit et un abandon aux forces obscures. Par exemple, il n'allait presque jamais au théâtre. A peine les trois coups avaient-ils ouvert les débats que quelque chose bâillait en lui. En somme, il avait mis des glaçons dans sa vie. Cette crispation puritaine avait créé chez lui une tension presque pathologique. Dans les négations de la vie ordinaire que s'imposent les chercheurs, quelque chose relève de l'esseulement. Chez Paul, cela frisait l'autisme. Il avait les contacts rares et l'affinité parcimonieuse. Il fuyait son époque qui l'énervait par son désordre, sa bougeotte, ses tics de lumière, ses mobylettes, ses modes, sa musique techno, ses leurres, ses vains bruissements de buvette.

Paul vivait sa solitude dans l'orgueil, genre « je suis seul, donc je suis davantage ». Même lorsqu'il éprouvait de vagues sentiments, rien ne bougeait vraiment au-dedans de lui-même. Il avait une âme de statue. A force, il était devenu aux yeux des autres une sorte de sphinx absurde, chaleureux en apparence mais enfermé dans une tour d'ivoire frigorifique. On pouvait juger que cette vie était une monstruosité psychologique. Il n'y voyait quant à lui que le comportement normal d'un homme à la vie intellectuelle très riche.

Posé au bord du monde et en marge de la vie, Paul n'avait aimé les femmes que du bout des lèvres, de façon furtive, presque indifférente. Les avait-il seulement regardées ? L'amour n'était pas placé très haut dans son laboratoire intime. Avec beaucoup d'application, il s'était tenu éloigné des eaux matrimoniales, remettant systématiquement à plus tard le projet de fonder une famille, comme s'il avait toujours eu l'éternité devant lui.

La grande affaire de Paul Legris, c'était les équations. N'ayant jamais cru qu'en elles, il méprisait tout ce qui ne peut pas être mis sous leur joug. Cela conditionnait jusqu'à ses goûts. Au motif qu'il est cent fois plus facile d'écrire une belle chose que d'écrire une chose précise, il n'avait jamais vibré à la poésie. D'une façon générale, les littérateurs l'agaçaient. Il les comparait à des poêles qui ne chaufferaient qu'eux-mêmes. Dès que l'occasion lui en était donnée, il critiquait leur lyrisme, leur goût pour les approximations oiseuses, leurs gibbosités stylistiques. Tout texte est un leurre, prétendait-il à la moindre occasion.

Un jour, après avoir lu l'article d'un philosophe abusant de métaphores hasardeuses empruntées au vocabulaire de la science, il avait écrit dans son petit carnet : « Ce n'est pas parce qu'il existe un point commun entre les tables, les chaises, les chiens et les équations du quatrième degré que ce serait une métaphore géniale d'appeler toutes ces choses des quadrupèdes. » Pour Paul, il n'y avait en somme qu'un véritable *logos*: celui des équations. Tout le reste, y compris l'art le plus élevé, n'était qu'une excroissance superflue de la pensée.

Avec un étonnement chaque jour plus grand, il constatait combien son aspect physique restait différent de celui des hommes de son âge. La vie l'avait certes gentiment ménagé, sa santé avait toujours été bonne et nul grave souci ne l'avait jamais artificiellement vieilli. Mais cela ne disait pas par quel effet de serre cutané sa jeunesse avait pu rester emprisonnée en son corps. Son physique paradoxal était la preuve que l'esprit peut agir sur la matière. Car, au fond de lui-même, Paul n'avait jamais cru à l'usure du temps. Comme Einstein, son maître à penser, il s'était convaincu que le temps n'est qu'une illusion. Grâce à une mystérieuse connivence entre l'intellect et le corps, cette conviction l'avait certainement protégé des raclures visibles du temps. Toute sa vie, elle l'avait incité à expliquer les phénomènes, même les plus éphémères, grâce à des lois indépendantes du temps. L'intelligible, pensait-il, a nécessairement à voir avec l'éternel. Il avait obtenu par cette méthode quelques succès spectaculaires, mais aussi des échecs dont aucun n'avait suffi à ébranler sa philosophie.

Quand on lui faisait remarquer que, tout vieillissant autour de nous, il est manifestement absurde de nier les effets du temps, il prenait la patience d'expliquer en quoi les apparences sont trompeuses.

« En physique, disait-il de sa voix métallique, les phénomènes élémentaires ne font pas de distinction entre le passé et l'avenir. Pour eux, le cours du temps est arbitraire. A l'échelle microscopique, tout ce que la nature fait selon un certain processus, elle pourrait tout aussi bien le défaire selon le même processus. Le temps ne crée rien. L'usure apparente des choses n'est qu'un effet de perspective lié à notre propre perception des choses. Au fin fond de la matière, rien ne vieillit. La physique n'a donc rien à dire du vieillissement. La mécanique, premier succès historique de la physique, s'était déjà fondée sur le principe d'inertie, qui met justement le mouvement de la matière à l'abri du pouvoir exécutif de la vie : un mouvement qu'aucune force ne vient perturber se poursuit identiquement à lui-même, sans usure, indéfiniment. »

Ses interlocuteurs se demandaient du coup comment diable avec tout ça ils s'étaient débrouillés pour vieillir.

Prenant les équations de la physique microscopique au pied de la lettre, Paul avait toujours vécu en phase avec ses propres atomes. En toutes circonstances, il avait veillé à minimiser au sein de son enveloppe corporelle toute forme de dissipation, de sorte que sa vie n'avait jamais vraiment adhéré au monde. Paul était devenu un animal à sang ultrafroid. Ses atomes ne bougeant presque pas, son temps propre était quasiment gelé. C'est ainsi qu'il tenait fièrement tête à Kronos. Mais l'invariance de son apparence physique ne l'avait pas spécialement épanoui. Paul s'était toujours senti incomplet, comme en manque de lui-même, comme si une part de son être lui avait constamment échappé. Souvent, il avait l'impression d'assister à sa propre vie comme à une chose qui se déroulait hors de lui-même et qui ne le touchait pas. Il n'avait jamais perçu en profondeur ce que signifie la brièveté des jours.

Un beau soir de juin, attablé à la terrasse du Café de Flore, à deux pas de chez lui, Paul rêvassait devant une bière brune et mousseuse. A la table voisine, deux humanistes professionnels refaisaient le monde et l'ONU avec de grands gestes. L'heure avait les suavités de l'été proche. Le soleil s'enfonçait à l'ouest parmi des pourpres épuisées en s'acharnant à scintiller. Paul avait depuis la veille un gros rhume, qui le faisait éternuer jusqu'à la métaphysique. Il avait confusément mal à tout son crâne et exhalait une odeur d'eau de toilette désuète et de chagrin. Il était tout recroquevillé à l'intérieur de lui-même. Triste, le regard vague, presque vide, il voyait à peine les passants, qui ne formaient à ses yeux qu'un bruit de fond multicolore et agité, une somme incohérente de spectres flous, ce qu'on appelle une foule. Mille souvenirs de son enfance lui revenaient à l'esprit. Tous lui semblaient très lointains, presque irréels. Quelque chose d'opaque les séparait définitivement du présent, comme s'il n'y avait pas de fil entre son passé et lui, comme s'il était temporellement clivé. Un épisode finit par s'imposer à sa conscience de façon plus nette. Quelques mois avant de quitter toute activité professionnelle, il s'était persuadé qu'une fois retraité, il serait conduit en chaise à porteurs vers un trône olympien dans lequel il pourrait, assis sur ses œuvres complètes, recevoir la foule des thésards se pressant à ses pieds. Rien de tout cela ne s'était produit. Il n'avait plus de contacts avec ses anciens collègues. Le souvenir de cet abandon le rendait très amer. Il se demandait s'il n'allait pas sécher sur pied.

Soudain, un événement tira violemment Paul hors de sa bulle.

Il fut appelé par la beauté surréelle de la jeune femme – corps de violoncelle, longs cheveux noirs et ondulés – qui venait d'entrer dans la grande salle du café. Elle était fascinante, comme une tombée de foudre. Il la regarda fixement, les yeux écarquillés. Il sentit la brûlure d'une première fois. Elle avait la beauté d'une rose et un sourire indécis qui tremblait sur sa bouche fine. Le cœur de Paul dérapa, son âme s'exalta, le vertige le prit, il sentit refluer tout le sang de sa face, ses mains tremblèrent. Il fut comme jeté hors de ses régulations. Il eut la brève illusion de vivre cent vies en même temps. Au bout d'une rapide traversée des apparences, le regard bleu intense de la jeune femme lui dévoila, de façon très limpide, le point de l'esprit d'où la vie et la mort, le réel et l'imaginaire, le passé et le futur, le communicable et l'indicible, le haut et le bas cessent d'être perçus de manière contradictoire. Paul découvrait l'ampleur infinie de ce qu'il n'avait jamais su regarder. Il avait vécu comme un équilibriste qui réussirait à traverser le gué d'un torrent sans jamais s'y mouiller les pieds. Et voilà qu'il était tout trempé!

Paul fut remué dans sa chair par une onde de choc mystérieuse. Il en éprouva un très grand trouble, qui lui fit presque mal. Il était donc passé à côté de la vraie vie. Il s'était cru définitivement jeune, mais en réalité, il n'avait fait que se maintenir au bord de la mort. Le présent ne lui était jamais apparu qu'au travers d'une représentation qui en avait érodé la vigueur. Au sein même de la perception attentive et utile, un certain coefficient d'inattention à la vie était systématiquement venu gommer l'éclat du présent. Jamais Paul n'avait senti comme la femme est un être joli, fin, distingué, délicat, fait de charme et de grâce. Jamais il n'avait compris la beauté séduisante de la courbe d'une joue, du mouvement d'une lèvre quand affleure un sourire, de la forme d'un nez, du frémissement d'un tissu soyeux.

La jeune femme ne vit pas l'effet qu'elle avait produit sur lui.

L'homme qu'elle avait retrouvé à une table voisine, noyé dans la piscine de ses yeux, l'embrassait déjà en caressant son visage.

Paul alluma le petit cigare qu'il avait tenu entre ses doigts depuis son arrivée au Flore. Il en aspira la fumée profondément. Il sentit qu'une sorte d'urgence l'envahissait, qu'il n'avait jamais éprouvée et qui maintenant le liait charnellement aux choses. Des gouttes de sueur coulèrent sur son front, il n'avait jamais eu aussi chaud. L'esprit très agité, il vida son verre d'un trait, paya d'un billet et, sans attendre la monnaie, se dirigea vers la rue Bonaparte, dans laquelle il habitait. Sa démarche lui sembla plus lourde qu'à l'accoutumée. Pour la première fois, son corps l'embarrassait. Son souffle était anormalement court, un rhumatisme diffus imprégnait tout son être. Poussé par la préoccupation de ne pas perdre contenance dans les rues de son propre quartier, il parvint à faire illusion, non sans effort. Il arriva chez lui éreinté.

Pour la première fois de sa vie, Paul sentit qu'il était vieux. En ce radieux début d'été, l'épithète était tombée sur lui comme le milieu de l'hiver. Écrasé de finitude, il gagna son lit et se coucha sans même se déshabiller.

Cette nuit-là, il tarda à trouver le sommeil. Son insomnie, curieusement, avait quelque chose de grandiose. Plongé dans une demi-somnolence, il vit défiler toute sa jeunesse. Cet état, dans lequel l'esprit résiste encore aux étranges combinaisons du songe, fit se presser en quelques minutes les tableaux les plus saillants de sa morne vie.

Au réveil, il se sentit bizarre. Ses idées étaient encore toutes brumeuses et son corps étrangement courbaturé, comme s'il avait été le siège d'intenses frottements. Paul se leva péniblement – lui qui n'avait jamais eu la levée du corps difficile – et se dirigea à pas tout petits vers la salle de bains qui jouxtait sa chambre. Là, il ne se reconnut pas dans la glace. Le temps l'avait frappé à la tête.

Dans la nuit, son visage s'était couvert de rides sinueuses, profondes, irréversibles. Son crâne s'était dégarni. Ses chairs avaient enflé. Mais ses mains, elles, s'étaient gantées d'aurore.

Ces bouleversements physiques le surprirent sans l'inquiéter. Une forme inédite de plénitude s'était installée en lui. L'opacité mystérieuse qui, la veille, le séparait de ses souvenirs d'enfance était devenue une longue ligne tendue comme une flèche. Quelque chose d'impalpable le grignotait de l'intérieur, qui donnait un prix infini à l'hémorragie éternelle du présent. Tandis qu'une grande nécessité d'amour bouleversait l'espace, un irrépressible désir de vivre l'envahit. Il ouvrit la fenêtre, respira l'air d'une première fois et se mit à danser, de façon maladroite, sur le tapis du salon. Il se sentit aux lèvres un baiser qui palpitait là, comme une petite bête.

Ce soir, il irait au bal à Saint-Germain des Prés comme un bateau s'en va vers le large.

Le temps n'est-il qu'une Illusion ?

L'horloge fait de la réclame pour le temps.
Georges Perros

Le temps fait partie de ces choses dont nous avons tous l'expérience mais dont il est difficile de donner une description. Chacun comprend de quoi nous voulons parler lorsque nous prononçons le mot « temps », mais personne ne sait vraiment quelle réalité se cache derrière lui. Si le mot est clair, la chose ne l'est pas. Elle se perd dans les brumes dès qu'on tente de la saisir. En dépit de son allure familière, le temps suscite des paradoxes dont le nombre semble grandir avec la pénétration du regard. La première difficulté est que le mot temps ne dit pratiquement rien de la chose qu'il est censé exprimer. Bien sûr, on peut tenter de définir le temps : dire qu'il est ce qui passe quand rien ne se passe, qu'il est ce qui fait que tout se fait ou se défait, qu'il est l'ordre des choses qui se succèdent, qu'il est le devenir en train de devenir, ou, plus plaisamment, qu'il est le moyen le plus commode qu'a trouvé la nature pour que tout ne se passe pas d'un seul coup. Mais toutes ces expressions contiennent déjà l'idée du temps (par exemple, l'idée de « passage » présuppose l'idée d'une temporalité, c'est-à-dire de quelque chose qui s'écoule). Elles ne sont donc que des métaphores du temps, impuissantes à rendre compte de sa véritable nature.

Il y a une deuxième difficulté à propos du temps. Elle consiste en ce que nous ne pouvons pas nous mettre en retrait par rapport à lui. D'habitude, lorsque nous voulons étudier un objet ordinaire, nous commençons par l'observer sous divers angles, pensant avec juste raison que la bonne connaissance de l'objet passe par l'obligation de l'éloignement ou de la distance. Mais lorsqu'il s'agit du temps, la mise à distance n'est plus possible puisqu'il nous affecte sans cesse. Nous sommes dans le temps et nous ne pouvons pas en sortir. C'est d'ailleurs une caractéristique que le temps partage avec l'espace puisque nous ne pouvons pas non plus nous extraire de l'espace. Il existe une différence essentielle entre le temps et l'espace : nous pouvons nous déplacer librement à l'intérieur de l'espace, aller et venir dans n'importe quelle direction (du moins en principe), alors que nous ne pouvons ni choisir ni modifier notre place dans le temps, au grand dam des poètes. L'espace est donc le lieu de notre liberté, le temps la métaphore de notre emprisonnement.

Une troisième difficulté vient de ce que le temps n'est pas perceptible en tant que phénomène brut. Il n'a pas de goût, il est invisible, inodore, silencieux et insaisissable. Les expériences des « spéléonautes » (ces hommes et ces femmes qui ont vécu plusieurs mois sans montre ni horloge dans des grottes ou dans des bunkers, coupés de tous les cycles temporels externes, donc livrés à leurs seuls rythmes biologiques) ont bien établi l'impossibilité de quantifier les durées de façon précise dès lors que tous les repères extérieurs ont disparu. Rapidement, l'appréciation des durées faite dans ces conditions se décale notablement par rapport à ce qu'indiquent les horloges.

L'impossible arrêt du temps

Lorsque nous voyons une aiguille avancer sur le cadran d'une horloge, nous sommes persuadés que c'est le temps lui-même que nous voyons passer. « L'horloge sonne, c'est le temps qui tâte son pouls », disait Georges Perros dans ses *Papiers collés.* Mais qu'est-ce qu'indiquent vraiment les horloges quand nous disons qu'elles donnent l'heure? En réalité, nous n'observons jamais qu'un mouvement, celui d'une aiguille se déplaçant dans l'espace. Ainsi confondons-nous presque toujours le temps avec sa manifestation première, qui est le mouvement.

Cette confusion imprègne notre façon de parler d'un éventuel « arrêt du temps ». Imaginons – certains romanciers le font bien – que subitement le temps s'arrête. Tout s'immobiliserait autour de nous, la rotation de la Terre s'arrêterait; plus de vent, plus d'alternance du jour et de la nuit; les roses cesseraient de faner; le monde serait immobile et invariable. Mais, énumérant ainsi les propriétés d'un monde privé de temps, nous supposons implicitement qu'un tel monde pourrait exister, qu'il se maintiendrait, qu'il durerait, donc qu'il serait doté... d'un temps! Imaginer à la fois que le temps s'arrête et que le monde continue d'exister conduit à une contradiction. Puisqu'on ne peut exister que dans le temps, l'arrêt de celui-ci signifierait l'arrêt du présent, c'est-à-dire la disparition de tout ce qui existe. Pourtant, par une sorte de paresse, lorsque nous parlons de l'arrêt du temps, nous nous contentons souvent d'imaginer que les aiguilles des horloges s'arrêtent, que l'heure se fige, mais que le temps et la vie continuent. C'est évidemment absurde. Tout ceci ne signifie pas que le temps ne s'arrêtera jamais, mais simplement que nous sommes incapables de penser un monde qui soit hors du temps.

Le temps existe-t-il?

Nos réflexions sur le temps sont presque toujours confuses peut-être parce que nous ne savons pas trop de quel type d'objet il s'agit. Est-ce une chose? Est-ce une idée? Est-ce une apparence? N'est-ce qu'un mot ? Les philosophes ont vite compris le problème, qui n'ont cessé d'interroger la réalité paradoxale du temps : puisque le passé n'est plus, puisque l'avenir n'est pas encore, puisque le présent lui-même a déjà fini d'être dès qu'il a commencé d'exister, comment pourrait-il y avoir un être du temps ? Certes, le temps contient la totalité de ce qui est, mais nous ne parvenons pas à le penser autrement que comme une limite toujours disparaissante entre deux néants, qui sont le passé et l'avenir. D'où la question, constamment rediscutée depuis Aristote : un être qui n'est qu'en cessant d'être est-il encore un être ? Ne s'agit-il pas plutôt d'une illusion ? D'une sorte de chatoiement du néant ?

Si l'on peut ainsi s'interroger sur l'existence du temps, il est en revanche très difficile de contester l'existence de ses effets. « La feuille qui tombe et la roue qui tourne te diront que rien n'est perpétuel sur terre », rappelait Robert Desnos dans l'un de ses poèmes. Comment ne pas voir en effet les marques indélébiles que le temps imprime sur les choses ? Comment oublier le vieillissement irréversible qu'il nous impose, à nous autres mortels ?

Le temps, décidément, provoque la pensée : nous sommes incapables de dire s'il existe et ce qu'il est vraiment, mais tout aussi incapables de dire le monde sans faire appel à lui.

On pourrait peut-être résoudre la contradiction en pensant le temps comme ce qui fait que les choses persistent à être dans le présent. Le présent est toujours présent, par définition. Mais il n'est jamais le même. Le temps allie donc au sein même du présent l'idée de permanence à celle de changement, la notion de statique à celle de dynamique.

Temps physique contre temps vécu

Il existe au moins deux sortes de temps : le temps physique, celui des horloges, et le temps subjectif, celui de la conscience. Le premier ne dépend pas de nous et il est réputé uniforme. Le second, le temps que l'on mesure de l'intérieur de soi, dépend évidemment de celui qui l'éprouve. Il ne s'écoule pas uniformément, mais en lignes brisées, mêlant des rythmes différents et des discontinuités. Sa fluidité est si variable qu'il n'existe vraisemblablement pas deux personnes qui, dans un temps donné, comptent un nombre égal d'instants. Il a en effet été prouvé que notre estimation des durées varie notablement avec l'âge, et surtout avec l'intensité et la signification pour nous des événements que nous sommes en train de vivre. Notre temps psychologique est donc largement élastique et c'est d'ailleurs pourquoi nous portons une montre au poignet.

Les temps physique et psychologique se distinguent également par le fait que le premier, toujours ponctuellement concentré dans le présent, sépare l'infini du passé de l'infini du futur tandis que le second mélange au sein du présent un peu du passé récent et un peu de l'avenir proche. Dans le temps physique, par définition, des instants successifs n'existent jamais ensemble. Le temps psychologique, lui, élabore une coexistence au sein du présent du passé immédiat et du futur imminent. Il unit donc ce que le temps physique ne cesse de séparer, il retient ce qu'il emporte, inclut ce qu'il exclut, maintient ce qu'il supprime.

L'irréductibilité de ces deux sortes de temps semble insurmontable. On se doute bien qu'il existe un lien entre les deux, situé à la couture de la matière et de la vie, mais les tentatives pour dériver le « temps du monde » du « temps de l'âme » ou l'inverse n'ont jamais vraiment abouti. Aucune de nos sensations n'indique, par exemple, comment une succession d'instants, ponctuels par définition, parvient à s'épaissir en une durée continue. On doit donc envisager une pluralité de temps : non une pluralité apparente derrière laquelle on devrait découvrir un temps supposé le seul vrai, mais une pluralité réelle et insoluble, qu'il faut accepter en l'état. Le temps mathématisé du physicien n'épuise manifestement pas le sens du temps vécu, pas plus que le temps vécu ne donne l'intuition de toutes les facettes du temps physique. A force de schématisation, la physique aurait-elle laissé échapper quelques-unes des propriétés fondamentales du temps ? Le temps monotone des physiciens est constitué de tic-tac répétitifs et esseulés. Mais de quelle pâte est fait le temps de la vie ?

L'idée mythique d'un voyage dans le temps

Le mouvement des aiguilles de nos montres incite à assimiler le temps à un flux composé d'instants infiniment proches parcourus les uns après les autres, c'est-à-dire à une variable à une seule dimension. Cette représentation du temps est celle qu'ont retenue les physiciens. Elle accorde au temps une topologie beaucoup plus pauvre que celle de l'espace qui, lui, a trois dimensions. Elle n'offre en fait que deux variantes, la ligne ou le cercle, selon que la courbe du temps est ouverte ou fermée. Il n'y a donc *a priori* que deux types de temps possibles : le temps linéaire (celui qui va de l'avant) et le temps cyclique (celui qui fait des boucles).

Si les physiciens ont choisi d'adopter un temps linéaire plutôt que cyclique, c'est en vertu du principe de causalité selon lequel la cause d'un phénomène est nécessairement antérieure au phénomène lui-même. Ce principe de causalité interdit les voyages dans le temps, car ceux-ci permettraient en principe de rétroagir dans le passé pour modifier une séquence d'événements ayant déjà eu lieu. Une telle possibilité conduirait à affronter de pénibles situations : un jeune homme pourrait rejoindre dans le passé sa grand-mère alors que celle-ci est encore jeune, lui faire un brin de cour au volant d'une belle voiture de sport, rater un virage et expédier la jeune femme *ad patres*, l'empêchant ainsi de mettre au monde le premier maillon de la descendance dont le susdit jeune homme fait pourtant partie... Un tel paradoxe, possible avec un temps cyclique, puisque ce qu'on appelle la cause pourrait tout aussi bien être l'effet et *vice versa*, ne l'est pas avec un temps linéaire, celui-ci ordonnant les événements selon un enchaînement chronologique irrémédiable. De même qu'un fleuve coule toujours dans le même sens (sauf cas exceptionnel), de l'amont vers l'aval, le temps a un cours bien défini, s'écoulant du passé vers l'avenir, sans jamais rebrousser chemin ni faire de boucle, de sorte qu'un instant donné ne peut jamais se reproduire, au grand dam des poètes et de quelques autres...

Le temps et sa flèche

Il peut sembler curieux d'associer le temps et la physique, car celle-ci a longtemps cherché à éliminer le temps. Le temps, c'est le variable, l'instable, l'éphémère, tandis que la physique, elle, est à la recherche de rapports qui soient soustraits au changement. Mais, dans sa pratique, la physique se heurte au temps d'une façon que la métaphore classique, comparant le temps à un fleuve qui s'écoule, permet de bien comprendre. Cette métaphore évoque les notions d'écoulement, de succession, de durée, d'irréversibilité, autant de symboles qu'on retrouve dans le questionnement des physiciens.

Commençons par la question de l'écoulement. Nous avons vu plus haut que le temps psychologique ne s'écoule pas de façon régulière et qu'en cela, il ressemble bien à un fleuve dont le cours est variable. Qu'en est-il du temps physique ? S'écoule-t-il de la même façon en toutes circonstances ? La physique classique (celle de Newton) ne répond pas à cette question de la même façon que la théorie de la relativité d'Einstein.

Continuons avec la question de la durée. Tout fleuve a une source et un terme. On peut se poser une question analogue à propos du temps. A-t-il eu un commencement et aura-t-il une fin? Nous savons aujourd'hui que l'Univers a eu une histoire, qu'il n'a pas toujours été comme nous le voyons aujourd'hui. Est-ce à dire qu'il a eu un début? La question de l'origine surgit dès que l'on évoque l'idée d'un commencement. Aussitôt, elle nous dépasse. Nous sommes en effet incapables de dire si l'Univers a eu ou non un prélude temporel. Est-il apparu au sein d'un temps qui lui préexistait ou bien son éventuelle émergence a-t-elle été contemporaine de celle du temps? Mais peut-on seulement concevoir un temps sans monde, un temps sans matière?

Enfin, à l'instar du fleuve qui va de l'amont vers l'aval et jamais en sens inverse, le temps a un cours bien défini, qui nous empêche de confondre le passé et l'avenir. Pour nous, passé et futur ne sont pas équivalents. Par exemple, nous nous souvenons en partie du passé, pas du tout de l'avenir. Cette asymétrie entre passé et futur est la manifestation du cours même du temps. Depuis Newton, les physiciens se demandent si cette distinction existe également au niveau des phénomènes physiques. Font-ils eux aussi la distinction entre le passé et l'avenir?

Pensons à une table de billard sur laquelle nous faisons entrer deux boules en collision. Après le choc, les deux boules repartent dans des directions opposées. Si les frottements sont négligeables, leurs vitesses resteront constantes. Imaginons que nous ayons filmé la collision et que nous projetions le film à l'envers. Cela équivaut à échanger les rôles respectifs du passé et de l'avenir, c'est-à-dire à inverser le cours du temps. Ce que l'on voit alors à l'écran, c'est une autre collision de deux boules, correspondant à la collision qui s'est réellement produite mais avec toutes les vitesses inversées.

Le point important est qu'un spectateur qui ne verrait que la projection du film inversé serait tout à fait incapable de dire si ce qu'il voit correspond à ce qui s'est réellement passé ou si le film a été retourné. La raison de cette ambiguïté est que la seconde collision est régie par les mêmes lois dynamiques que la première. Elle est donc tout aussi « physique », tout aussi réalisable que la collision originale. Autrement dit, une telle collision est « réversible ». Sa dynamique ne dépendant pas de l'orientation du cours du temps, elle ne fait aucune distinction entre le passé et l'avenir. Cela signifie non pas qu'elle autorise les voyages dans le temps mais que, pour elle, le cours du temps est arbitraire.

Selon la physique d'aujourd'hui, tous les phénomènes ayant lieu au niveau microscopique sont comme ces collisions de boules de billard, c'est-à-dire réversibles. Or à notre échelle, nous n'observons que des phénomènes irréversibles, à commencer par le fait que nous vieillissons : si nous filmons une scène de la vie courante et projetons le film à l'envers, nous voyons dès les premières images qu'il y a eu inversion (le plongeur est expulsé de la piscine et se retrouve bien sec sur son plongeoir). A l'échelle macroscopique, le temps ne fait pas que passer : il invente, il crée, il use, il détruit, sans jamais pouvoir refaire ce qu'il a défait.

Comment expliquer l'émergence de cette irréversibilité observée à l'échelle macroscopique à partir de lois physiques qui l'ignorent à l'échelle microscopique ? Ce problème, dit de « la flèche du temps » a été ardemment discuté depuis deux siècles. La plus ancienne explication s'appuie sur l'irréversibilité associée au second principe de la thermodynamique, selon lequel l'entropie d'un système isolé ne peut qu'augmenter au cours du temps : de même que de l'eau tiède ne redevient jamais une juxtaposition d'eau chaude et d'eau froide, un système macroscopique qui évolue ne peut revenir à sa configuration initiale. Plus récemment, des physiciens ont suggéré que la flèche du temps proviendrait plutôt du fait que l'Univers est en expansion, ce qui orienterait tous les processus physiques selon un cours irréversible.

D'autres pistes faisant référence à la physique quantique ou à la physique des particules ont également été proposées. Toutefois, aucune de ces explications ne peut être présentée comme universelle et définitive, d'autant que les extraordinaires développements de la physique du vingtième siècle ont compliqué à la fois la question posée et ses réponses possibles.

Nous n'en aurons sans doute jamais fini avec le temps, lieu indéfini et lancinant de nos brèves existences.

Référence des ouvrages cités

F. Bacon, *Novum Organum*, trad. M. Malherbe et J.-M. Pousseur, Paris, PUF, 1986.

N. Bohr, *Physique atomique et connaissance humaine*, Paris, Gonthier-Médiations, 1964.

A. Camus, *Le Mythe de Sisyphe*, Gallimard, 1962.

E. Cassirer, *La Philosophie des formes symboliques*, trad. de Ole Hansen-Love et Jean Lacoste, Éditions de Minuit, 1972 (1923, 1925, 1929 pour la version originale).

F. Kafka, *Le Procès*, trad. A. Vialatte, Gallimard, Paris.

Lucrèce, *De Rerum natura.*

R. A.J. Matthews, « Tumbling toast, Murphy's law and the fundamental constants », *European Journal of Physics*, 1995.

E. Schrödinger, « Science et humanisme », in *Physique quantique et représentation du monde*, Paris, Seuil, 1992.

E.P. Wigner, « The Unreasonable Effectiveness of Mathematics in the Natural Sciences », *Communications on Pure and applied Mathematics*, XIII (1960), 1-14.

Table des matières

Imprimé en Italie par G. Canale & C. S.p.A. - Borgaro T.se (Turin)
Dépôt légal : février 2000
41-75-2053-01/1
ISBN 2-746-50053-1